両大戦間期の日本農業政策史

平賀明彦 著

まえがき――本書の視角と分析手法

本書は、前作の拙著『戦前日本農業政策史の研究』を引き継ぐものである。前作では、第一次世界大戦期、急激な経済発展を遂げた日本資本主義と農業、そして農村の様子を取り上げ、そこを起点に、戦時体制期までを見通しながら農業政策の特徴を検証した。その際、全体への目配りには意を用いたものの、中心的には一九二〇年代から昭和恐慌期までを、先ず丁寧に分析することを主眼とした。一九二〇年代の争議状況への対応と、それを含めた農業政策の特質を明らかにし、次に、一九三〇年代は恐慌・凶作対策に始まり、その後半には日中戦争の全面化に即応した政策が取り組まれることになったが、その流れを時代背景とともに政策史的に検証することに努めたのである。一九三七年の日中戦争全面化以降についても取り上げたが、紙数の制約もあって、特に事変即応策としていち早く取り組まれた労働力対策と、その後、恒久的労働力対策としての側面を持ちつつ展開された農業経営適正規模政策に焦点を絞る形となった。

その前著を受けて本書では、日中戦争の全面化以降の農業政策を中心に、時々の時代状況に対応しつつ、移り変わる政策の流れと特徴を検証していく。また、一九二〇年代についても、前作で取り上げられなかった農村の争議状況について、都市周辺農村の実態に迫ろうと考える。さらに、大都市周辺農村の都市部への労働力人口の流出についても、特に焦点を当てて検討を試みる。

本書での時期区分については、一九三一年の満州事変から三七年の日中戦争の全面化までを準戦時期といった括り方で扱うこととし、一九三七年以降は戦時期あるいは戦時体制期と位置づけられると考えるが、本書では一九四一年以降のアジア・太平洋戦争期を本格的戦時体制期といった形で一つのまとまりと捉え、一九三七年以降、そこまでの時代状況とは異なるものとして取り扱うこととした。つまり、一九三一年の満州事変以降、三七年の日中戦争全面化までを準戦時期、それ以降をアジア・太平洋戦争期の本格的戦時体制期と区別して戦時体制期と呼称していきたい。もとより、この時期区分が、戦争に向かう時代の状況、政治体制を示すものとして有効であると考えるが、ここで取り扱おうとしている農業政策やその対象である農業そのもの、あるいは農村の実情を把握するうえで適正であるかどうかは検証する必要があろう。それは本論のなかで言及するが、差し当って、農業政策の特徴を検出するに当っても、時々の戦時の在り方はやはり大きな規定性を持つと思われるので、いくぶん便宜的ではあるが、当面はこの時期区分を採用することにしたい。

それぞれの時期の農業政策の特質解明に取り掛かる前に、分析、検討の手法として、対象地域の設定を行うこととした。そして、その普遍化を前提にしつつ、特質把握を試みたいが、そのような検討手法そのものについて、有効性と一方での限定性といったことに言及しておきたいと考え、第一章を設定した。また、本論も、地域事例の検証を主たる分析手法として構成されているが、そういった検証方法の妥当性についても、同様に第一章で触れておいた。

次に歴史分析の手法として通例用いられることの多い、地域分析の手法について触れておこう。過去の時代に遡り、その特徴を明らかにすることで現在を紐解く手がかりを見つけることが歴史分析の一つの目的である。その際、対象とする時代を常に総体として問題とし、その特徴を明らかにすることを試みるわけだが、そこでつかみ取り、分析の素材にできる事実には自ずと限界がある。一方で、事実として確認できた事柄すべてを時代特性のなかに反映させねばならないという縛りからも逃れることができない。そして、その作業以前に、また事実確定の厳密さが問われることはいうまでもない。この史料批判が、歴史分析の第一歩となるわけだが、その際には、分析対象として措定し、事実の収集を行った地域の特性も大きく関わり、できる限りの指標を用いて、対象地域の特徴を明らかにしたうえで、その事例が時代イメージを構築する素材として妥当性があるのか、また、一般化、普遍化を図るために地域特性をどのように処理する必要があるのか、といった吟味が必要となる。そのために、対象地域の特性分析は不可欠であり、その厳密さが普遍化の前提となるのである。

そういった場合、地域特性とはいっても、それがごく狭い範囲での特殊性としてしか位置づかないのでは事例として不適切であり、そもそも目的としている一般化、普遍化の妨げになってしまう。そこで、地域の幅を狭めるのではなく、一定の領域に広がりを持った特徴として把握できるか否かを検討しておく必要があり、そのためにしばしば用いられるのが地帯構造論の手法である。

地域分類としては、自然環境に根差した地理的、地形的特徴で括ることも多く、平野部、山間部といった大雑把な分け方であっても、特に前近代で、農業を主産業とするような歴史段階では、人々の集住の仕方、生活の在り方そのものについて、かなり規定性を持つことになり、差し当っての地域特性分類の指標として適用することも、あながち不適切ではないことも多い。もちろん、より精細な指標を用いるのに越したことはないし、特に、産業構造や地域編成も複雑になり、人々の生活スタイルにも多様性が見出される近代以降になると、より精密な指標による地帯区分と、それを用いた構造分析が必要となる。そして、それらが一定達成されると、地域を地帯的な構造の差異によって分類し、それを前提として事実の収集、分析を行い、全体としての時代的特徴を解明することに結びつけていけるわけである。ここではそういった手法の妥当性についても、具体的事例を通して検討を加え、地域特性がどのようにつかまえられるのか確認してみたい。

目次

第一章　史資料の残存状況と分析手法としての地帯構造論

はじめに

本章では、次のような柱立てで、検証を試みたい。先ず、歴史分析の素材となる史資料の残存状況について実状を概観する。次いで、地域特性の分析について検討する素材として新潟県及び県内の個別農村の事例を取り上げ、特に一九三〇年代半ば以降の特徴を、主として経済構造を中心に俯瞰してみる。そして全県的な地帯構造をベースに、米と繭の生産実態を検証することで、当該時期の農村の特徴がどれほど鮮明に映し出せるか検証を試みてみたい。

第一節　地域実態を示す資料とその残存状況

一　分析対象の構造把握

これまでのことを言い換えれば、対象と定めた地域の分析を歴史的手法によって行う際には、その対象地域が、どのような構造的特徴を持っているかを明らかにする必要がある。つまり、自然環境、地形的特徴から始まり、産業構造、生産力水準、村落の在り方などにどのような影響を与えているかを検証する必要がある。次にそのことが、人々の集住の様子、人々の生活や日常的な活動とどのような結びつきを持ち、また、人々の考え方、意識構造と行動様式とに関係しているのか、といった見通しを定めていくために、地域特性を確定していくことが分析の第一歩となる。

もちろん、いつでもそれらをデータ的に収集し、十分に揃えられるわけではないし、また、必ずしもそうでなければならないということでもない。史資料の残存状況に規定されるのはもとより、分析テーマに拠って、データの質と量に、自ずと軽重が生まれることは当然である。特に農村を対象に経済構造を軸に課題設定する場合は、産業構造、生産システム、生産量と生産価額などの時間的推移を追うことで、生産関係を軸とした対象地域の経済的特徴を明確にしていくことが必要となる。

二　近代の統計データ

こういった地域の特性を明らかにするための統計的データは、それではどのように取得できるのであろうか。近代になって、概ね明治中期～末以降を対象とする場合、府県レベルでの統計整備が進み、基礎データの活用に府県統計書を用いることができるようになって、多角的な側面から地域の特徴をつかむことが可能となった。ただし、この場合、データ収集の単位は郡市であり、町村レベルまで降りていくことは難しい実情がある。少ない例であるが、町村レベルの悉皆調査などに際して、この府県統計書の基礎調査データが残されていることがあり、それらからより精細な地域の把握が可能になる場合もある。しかし、これらの資料は量も膨大となり、また、必ずしも永年保存等の対象でもないので、廃棄されてしまう場合が多い。単年度もしくは数年間分が残されている場合もあるが、経年変化を正確に追えるような形で残存している場合は少ないといえる。町村の行政当局にとってみれば、郡市・県からの指示によって行った基礎調査であり、報告すれば庁内にいつまでも保管しておく必要もなくなるので、処分の対象になりやすいといえる。

その一方、市町村レベルで比較的保管が徹底していて、連年で保存されていることが多い資料としては議会議事録がある。永年保存扱いとなっている場合が多く、他の資料がことごとく廃棄、滅却されているのに、議会議事録だけが大切に保管されているといったケースも少なくない。そこには、各年の事業報告書が必ず盛り込まれ、基本的な人口統計、勧業統計、あるいは教育統計のような形で統計数値が項目別に記録されている。しかし、これには必ずしも統一した基準がなく、市町村によって調査の精密さに相当の開きがあり、調査項目も区々である。また、そもそもが事業報告の一環なので、データとしては精緻ではなく、非常に粗い項目に沿って、簡単な数値のみが列挙されている場合も多く、地域特性を確定するうえで必ずしも有効に活用しえないことも少なくない。

町村資料の中には、郡市あるいは県などが実施する時々の資料調査の基礎データが残されていることもある。国勢調査をはじめ、県是、郡是、市町村是作成のための資料収集、(1) あるいは産業調査として農会や産業組合など、郡市—町村のタテ系列の組織化が進んでいた団体などが行う地域実態把握のための調査の基礎データなどがそれに当たる。こういったデータは、その時々の地域の実情把握にとっては有用で、分析的に活用できる資料である場合が多いが、そもそもが目的に沿った資料調査であり、また、連年の変化を継続的に追うことを目指しているわけではないため、活用の範囲が限られてしまうことも多い。

このように、戦前期にあっては、一貫した統一性のある統計的データを入手すること自体が難しいのが実情で、そこから地域特性を明らかにしていくことは容易ではないといえよう。そういったなかで、新潟県の場合であるが、府県統計書のデータ収集項目に格段の変化が見られたのは一九三〇年であった。この年以降、水稲と繭についてだけであるが、全県に渡って、市町村レベルで数量が記録されるようになったのである。(2) わずか二品目とはいえ、戦前期日本の農業・農村では、米と繭が生産構造の基本であり、その生産量と生産価額が市町村レベルで累年把握できることは、地域の実情と経年変化をたどるうえで大きな手掛かりとなることは確かである。より仔細に地域特性をつかむことができるようになったといえよう。

そこで以下では、実際にその統計資料の活用により、地域実態とその変化をどのように追うことができるか、具体例に即して検証してみよう。

第二節　地域実態解明の事例――新潟県の地帯構造

一　新潟県の地帯構造

ここでは検証事例として新潟県を取り上げる。もとより、日本の穀倉地帯としての米産県であるとともに蒲原、頸城平野以外の山がちな市町村では養蚕も盛んであった。米と繭の生産構造で特徴づけられる戦前日本農業の典型事例として有効であると考えられるのである。そのため対象市町村としては、水稲生産だけでなく、養蚕業も盛んであった南魚沼郡の六日町を取り上げる。また紙数の関係から、分析領域は経済構造における特性に限ることとする。

すでに示したように、一九三〇年以降、米と繭の生産量、生産価額のデータを得られるようになったことが、市町村レベルまで降りて地域特性を確定していくこととどう結びつくか、それを検証することが目的なので、分析の焦点も農業構造に即した特徴把握に絞ることとする。

対象とする新潟県の農業構造を問題とする場合の、大枠としての地帯構造の特徴について、まず言及しておこう。三つの類型で捉えられる場合が多い(3)。前述のように地帯構造把握の指標となるデータが概ね郡市レベルの数値なので、地帯としての括りも郡市が単位とならざるをえない。また、佐渡郡は、地理的、地形的に特別な環境なので、通例、別格に扱われることが多く、ここでもその例に倣うこととする。

先ず第一の類型は、水田単作地帯といえる諸郡である。第二の類型は、山間部を多く含む諸郡で、水田耕作のみでは立ちいかないために、戦前には、主として養蚕業に重点を置いていた地域である。第三の類型は、この両者の中間的な特徴を持ち、米と繭のそれぞれに応分の比重を置く必要のあった諸郡である。この三つの類型を郡別に類型化することにはかなりの無理があり、とりわけ中間地帯に属する諸郡には、水田単作型に近い村々と、養蚕を主業とする地域に構造的に近い村々とが混在しており、それらをそもそも郡の単位で括って類型分けすることは至難である。ところが、前述したように、府県統計書を基本データとした場合、かなり遅い時期まで郡単位の数値しか得られないため、やむをえずその括りを適用せざるをえない。中間地帯に含まれる町村によっては、水稲中心のグループに、あるいは養蚕業を主とするまとまりに分類した方が至当な例が多々あるが、その辺りは捨象して、大分類として把握しておくこととする。(4)

新潟県の水田単作地帯は、北蒲原、中蒲原、西蒲原、南蒲原の四蒲原郡に中頸城郡を加えた平野地域である。三蒲原諸郡は全体として蒲原平野に位置し、中頸城郡もその多くを頸城平野が占めている平場の水田単作地帯であり、千町歩地主を頂点とする大地主地帯でもあった。近代に入って当初は北蒲原郡がその中心であり、まさに日本の米どころとしての県の生産を中核的に担っていた。千町歩地主伊藤家、市島家をはじめとする大地主も多くこの地域に集中し、高い小作地率となっていた。そのため、一九二〇年代に入って高率小作料の収取をめぐって、地主小作間に鋭い階級対抗が発生し、小作争議の激甚地帯としても全国に名を馳せることになった。水稲の生産力水準も高く、収穫量も多かったので、農業生産としては水田耕作があくまで主であり、寒冷な気候と雪に覆われる冬期間に、藁工品などの副業を手掛ける農家が多かった。南蒲原郡も、山がちとなる南部地域に位置する村々を除いて、概ね北蒲原郡と同様の構造であった。一方、地質と水利の関係から、湛水の状態になる地域が比較的多かった西蒲原郡は、昭和期に入るまで、なかなか安定した生産を確保できなかった。しかし、広大な平野に恵まれている地形は、他の蒲原二郡と変わりなく、そのため、昭和期に入って土壌の改善、治水の整備、品種の改良、施肥法の工夫など、生産条件、農業技術が整えられていく過程で、生産力水準の上向と安定的な収量の確保が可能となり、他の二郡を圧する高位生産力地帯に変貌していった。(5)この蒲原三郡とともに、中頸城郡も広大な頸城平野を背景に、高位の生産力水準を維持し、水稲の多収穫で蒲原平野諸郡と肩を並べていた。

これに対して、北、中、南の三魚沼郡地域と東、西頸城郡、東蒲原郡を典型とする地帯は、総じて山がちで平野部が少なく、水稲耕作に向かないために、畑作物中心の農業とならざるをえなかった。とりわけ明治以降、戦前期を一貫して輸出の太宗であった生糸の需要に応えるべく、多くの地域で養蚕業が盛んに営まれた。特にこの山がちな地域では積極的に取り組まれ、主業養蚕地帯と呼べるほどの生産量を確保する村々も少なくなかった。

第三の類型は、水田単作地帯と山間の地域諸郡を取り巻く周辺諸郡で、山がちな地域と平場地域が混在した地形となっていて、平場では専ら水田耕作が、少し山間に入った地域では、養蚕もかなり営まれているといった形で、いわば中間的な様相を呈していた。地主制の展開としても中位であり、中小地主地帯といえる構造であった。刈羽郡、古志郡、三島郡などがその典型で、岩船郡の一部の他、三魚沼郡や東、西頸城郡の一部にも、ここに含まれる地域があった。

二　水田耕作と養蚕業

これら諸類型は、水田耕作と養蚕の比率などでもかなりしっかりした色分けができ、そのため、地主制の展開にもそのまま反映され、平場の大地主地帯と、中間あるいは山場の中小地主地帯という、農村の構造そのものを規定する要素ともなっていた。そしてそれは、同じ地主制といっても、高率小作料収取を基軸に厳しく鋭い地主・小作関係で成り立っていた平場地帯と、そういった緊張関係とは違う成り立ちとなっていた中間地域や山場の中小地主地帯とで、かなり異なった様相を呈することとなった。それは特に、一九二〇年代以降、平場地帯で先鋭な地主・小作対立が表面化し、争議という形で直接的な抗争が行われるようになると、より顕著な形であらわれ、中間地帯の一部や山間地域に属する地帯では、そのような対立構造を孕みながらも、明確な争いとして激化させず、総体として中小地主を中心とした地域の名望家層の安定的支配が持続される場合も少なくなかった。経済的利害に基づく階級対立の構図を、そのまま剥き出しの形で表面化させることなく、内部調整によって緩和させる機能を働かせることで、表立った抗争を最小限に抑えていったのである。いわゆる重立支配と呼ばれる従来からのムラ的共同体維持機能が、依然として有効に働く要素が強かったといえる。

後述する事例分析とも関わるので、もう少しこの地帯構造について仔細にみておくと、郡の広さそのものが違うので一概に比較はできないが、例えば、水田単作地帯の北蒲原郡は、水稲作付反別が昭和初期で約二万四、〇〇〇町、その後一〇年間でも余り大きな変化はなかった。これに対して、南魚沼郡は、約四万五、〇〇〇~五万町で推移していた。水稲収穫高は、北蒲原郡が四万二、〇〇〇石余りを一〇年間で五万七、〇〇〇石余りまで増やしていたのに対して、南魚沼郡は、一万石を超える年もあったが、多くは七、〇〇〇~八、〇〇〇石で推移していた。水稲の反当収量は、全県で二石以上の水準に達するのが一九三五年以降であったのに対して、北蒲原郡は一九三〇年に二石を上回り、以後、凶作年を除いて累年その実績を伸ばし、一九三九年には、二石四斗の水準にまで達していた。これに対して、南魚沼郡では、一九三七年と三九年にわずかに二石を上回ったのみで、一貫して一石台を低迷していた。水田面積では半分ほどの北蒲原郡が、水稲生産量では南魚沼郡の五倍近い実績をあげていたわけで、この両郡の農業構造の違いは明らかであった。

一方の養蚕戸数、収繭高など養蚕業に関わる指標では、水田単作地帯の北蒲原郡で、そもそも産業として取り組まれていないので、比較自体が成り立たず、農家経営で両者に大きな違いがあったことは、こういった面にもあらわれていた。

ここでは、このような三地帯構造を大前提としつつ、先ほどから指摘しておいたように、郡単位でそのような括りをしていくことの無理を意識したうえで、南魚沼郡に属する六日町（現・南魚沼市）地域を対象に地帯構造的把握の意味と限界について考察を加えてみたい。六日町を対象地域としたのは、この地域が、山がちな地形を背景に、養蚕業による収入に多くを依存する特徴を持った魚沼地域の代表例でありながら、村内を魚野川が貫流する構造であったために、平場地帯が比較的開けていたからである。また、古来から交通の要衝であったために、町場としての機能も備えており、魚沼郡内の他の多くの村々とはいくぶん異なる様相を呈し、中間地帯的要素を多く持っていたからである。このような山間の平場地帯を、地帯構造的にどのように位置づけるかが、地域特性把握にとって重要であると考えるからである。

第三節　対象市町村の特徴――米と繭の生産実績

一　六日町地域の概観

六日町は山がちで、全体としては、他の魚沼地域の村々に近い構造であることは間違いない。地域に調査に入っても同様の印象を受ける。少なくとも見渡す限り地平線まで平野が広がる、北蒲原、西蒲原などの水田単作地帯とは全く様相を異にしていることは確かである。ただし、ここでは視点としての生産構造を問題にしているので、山間でありながら、川沿いに広がりを持った平場地帯を多く有する地域の特徴をどのように押さえておくかは、やはり検討しておく必要があると思われる。

六日町は、群馬県境の谷川連峰を抜け、越後湯沢から山間を通り、長岡に向けて北上する途次、三国街道と清水街道が大きく分かれる分岐点に位置し、市域を貫流する魚野川の舟運も開け、上田船道と呼ばれた水運の最上流の発着点として、古くから賑わいを見せていたという。水陸両途の交通の要路として古来より重要な位置にあったのである。そのため、船荷に関わる問屋が建ち並び、また、船会所が置かれるとともに、近世にあっては、本陣、脇本陣、大肝入りの役所など行政機関が設置され、この地方一帯の中心地としての役割を果たしていた。近代に入って鉄道の開設、普及により舟運の拠点としての地位は後退していったが、地方の中核都市としての機能は維持し続けたのである。

しかし、山間の平場であることは間違いなく、北東に八海山、その遠方には越後駒ヶ岳を望む峰々に向かい、四囲を幾重にも山々が連なるなかで、川沿いに細長く平場が開けた格好で、街道筋として人々の往来は頻繁であったが、決して農耕に適した地形とはいえなかった。

長尾政景の居城であった坂戸城を中心に、上田庄として関東から越後への敵の侵入を防ぐ防御拠点が築かれ、それが町そのものの成立、展開に結びついていたが、それもまた軍事的視点からの当地の位置に他ならず、生産適地としての有用性の証左ではない。山間の平場地帯で、人口集住、利水の便などの要素が、町としての機能の裏付けとなり、この地域の歴史を彩り、中心地としての役割を持続させたといえよう。

近代に入って、この地域は、一九〇〇年町制施行により六日町となった後、一九〇六年の大合併により、小栗山、君帰、欠の上、余川、川窪などの周辺諸村に村域を拡大し、戦前を通じてこの地域の中心としての機能を果たしてきた。そして、一九五六年に、五十沢村、城内村、大巻村と合して六日町となった後、二〇〇四年、大和町、塩澤町と合併して南魚沼市となり現在に至っている。

二　水稲作付反別、反当収量の推移

この地域を対象に、昭和恐慌期から戦時期に至る一〇年近くの農村の変化について、主に米と繭の生産の様子をたどってみる(6)。この時期は、昭和恐慌の襲来と昭和九年の大凶作（一九三四年。以下「九年凶作」と表記する）、そして、それらを乗り越えながら農村が戦時食糧増産体制に向けて、生産力向上を求められた時期であった。そういった節目を、六日町を中心としたこの地域はどのように経過していったのか。米と繭の基本統計から何を見つけることができるか検証してみよう。当時の六日町とともに一九五六年に合併して六日町となる他の三か村の数値も掲げておく。以下、これら四か町村を総称して六日町地域と表現することとする。

表 1-1　水稲反当収量の推移　（単位：石）

年	六日町	五十沢村	城内村	大巻村
1929	1.88	1.40	1.50	1.79
1930	2.51	1.75	1.80	2.46
1934	1.52	0.69	1.50	1.50
1935	1.95	1.31	1.74	2.03
1937	2.34	1.82	1.93	2.17
1938	1.17	2.00	—	1.20
1939	2.38	1.85	2.08	2.38

出所：『新潟県統計書』各年度版より著者作成。

先ず表1―1で、水稲反当収量の推移を追ってみる。数値が判明しない部分もあり、また正確性に疑問の残る数値も見受けられるが、一応の概観はできるであろう。

前述したように、穀倉地帯である北蒲原郡では、すでに一九三〇年に生産力水準の上向が見られ、反当収量は二石を超えていた。全県平均でも一九三五年に二石に達し、また南魚沼郡全体でも一九三七年にその水準に達していた。しかし、六日町地域全体としては、ほぼ二石水準に到達していたものの、大巻村を除いて不安定であり、九年凶作の年は例外としても、二石水準を維持することができず、著しく安定性に欠ける状態であったことが数値から読み取れる。

一九三四年は東北地方を中心に冷害による大凶作に見舞われ、大幅な収穫減をきたし、農家は大打撃を受けた。昭和恐慌時の米価・繭価の惨落による痛手からまだ多くの農家が起ちあがれない時に襲ったこの凶作は、さらに打撃を倍加させ、農業者を塗炭の苦しみに追い込んだ。新潟県でも、特に山間地域でその被害は大きく、収穫皆無地があちこちに出現し、飯米にも事欠く農家が続出し、緊急の給付が行われたほどであった。この六日町地域の痛手も大きかったことが、反収の値からも推察されるが、特に五十沢村の落ち込みが激しく、また回復も遅かったことがうかがえる。山がちな地域を多く含む五十沢村は、そもそも生産力水準が低位であり、九年凶作の最低値の年以外でも、県・郡の平均水準に及ばない状態が続いていたことが看て取れる。

表 1-2　水稲作付反別の推移　（単位：町）

年	六日町	五十沢村	城内村	大巻村
1929	4,824	2,800	3,582	252
1930	4,815	3,277	4,278	252
1934	4,455	2,986	3,489	2,419
1935	4,466	2,984	3,620	2,376
1937	4,548	3,083	3,641	2,394
1938	4,555	3,011	3,637	2,381
1939	4,544	3,016	3,639	2,368

出所：『新潟県統計書』各年度版より著者作成。

表1―2によって、各村の水稲作付反別をみてみよう。ほぼ村規模に照応した作付反別といえそうで、一〇年間の変化も必ずしも大きなものではないが、六日町と大巻村が減じているのに対して、五十沢村と城内村が増やしていた。ただし、いずれの場合も大幅ではないので、殊更要因を探るほどではないようにみえるが、少し目を引く六日町の減り方には、戦時の深化と町場としての機能強化といった要素がうかがえるのかも知れない。その一方で、五十沢村の増反は、反収の不安定さ、九年凶作の被害といった事情が関わっていたと考えられる。総じて戦時増産が叫ばれるなかで、減反は想定しにくいので、六日町地域とも増減はあっても、取り立てて大きな変動ではなかったととらえられよう。

三　水稲収穫量と価額の推移

しかし、同じ時期の各村の水稲収穫高の推移を表1―3で追ってみると、大きな落ち込みがあったことがわかる。九年凶作が山間に位置する六日町地域には大打撃であったことがうかがえる。それぞれに著しい収穫減を来していたが、さらに仔細にみると、五十沢村の落ち込みが特に激しく、一九三〇年に比べ僅か三五％の収穫しか得られなかった。六日町でもやはり三〇年に対して五五％、五、三〇〇石余りの減収で、その打撃の大きさは甚だしいものであった。他の二村も同様に厳しい収穫減に喘いでおり、大巻村も四年前の六割にも満たない収穫で、二、五〇〇石余りを減じていた。

表 1-3　水稲収穫高の推移　（単位：石）

年	六日町	五十沢村	城内村	大巻村
1929	9,045	3,920	5,373	4,483
1930	12,086	5,734	7,700	6,169
1934	6,762	2,053	5,218	3,618
1935	8,691	3,904	6,296	4,831
1937	10,653	5,457	7,019	5,184
1938	10,247	5,233	6,635	5,031
1939	10,803	5,571	7,566	5,643

出所：『新潟県統計書』各年度版より著者作成。

表 1-4　水稲価額の推移　（単位：円）

年	六日町	五十沢村	城内村	大巻村
1929	226,125	99,960	184,325	112,076
1930	181,290	86,010	123,240	92,535
1934	179,193	51,325	130,450	96,962
1935	232,919	101,504	163,696	128,022
1937	330,243	152,796	210,570	155,520
1938	330,280	163,531	207,344	160,992
1939	441,411	227,631	302,640	225,720

出所：『新潟県統計書』各年度版より著者作成。

いずれの村々も、二九年の減収を取り戻し、農業恐慌による価格の崩落を、増収を図ることで何とか克服するべく必死の努力を行っていた矢先の大減収であり、その痛手は尋常一様のものではなかった。実際に南魚沼郡全体でも、この大幅な収穫減から立ち直り、一九三一年の収穫量に復帰するには一九三七年を待たねばならず、回復に相当の時日を要したのである。六日町地域では、表1―3からも読み取れるように、一九三九年までに、一九三一年の収穫量の水準に戻れた村は一つもなく、辛うじて、五十沢村と城内村が同程度の収穫高を得ることができたが、六日町と大巻村は回復基調にはありながら、まだその水準までには隔たりがあったのである。山間地域に属する六日町の九年凶作被害の甚大さは、このような点でも確認できるのである。

このことは、水田からの収入の推移をた

どってみても確認できる。表1―4で水稲の価額を追ってみると、村ごとに収入額には差があるものの、年ごとの動きはほぼ同じであったことがうかがえる。昭和恐慌の打撃により大きな減収をきたし、一九二九年から翌年にかけてだけでも相当の落ち込みになっていた。六日町では、一二万円余りあった収入が四万円近く減じ、城内村では、一八万四、〇〇〇円余りの収入が六万円以上減収となってしまっていた。他の二村もそれに近い打撃を受けていたことが看て取れるのである。そして、九年凶作がそれに追い打ちをかけていた様子も、明らかに読み取ることができる。城内村と大巻村は、三〇年に比べて大きな減収とはならなかったが、六日町は、三〇年よりさらに収入減となり、五十沢村も相当の落ち込みをみせ、二九年に比べてほぼ半減に近い、惨たんたる有り様になっていた。恐慌とそれに続く凶作が、村々に如何に大きな痛手を与えていたか、それはこの水稲価額の急減に端的に示されていた。

この一方、三四年に最低値を記録した価額は、しかし、翌年から回復基調に向かい、戦時にかけて著増していく動きも明らかになっている。三五年の時点で、恐慌時をすでに上回り、以後は、一貫して増額を果たしていくのである。とりわけ日中全面戦争以降、価額の上昇が著しく、戦時が農村にもたらしたものが如何ばかりであったかが映し出されている。価額が最も落ち込んだ三四年を基準にすると、僅か五年後の三九年には、どの村々も倍増以上になっていた。最も落ち込みが激しかった五十沢村などは、四倍以上の増嵩となっていたのである。もちろん、物価水準の推移と相関させることでこの額も評価する必要があろう。

四　養蚕業の推移

六日町地域のもう一つの大きな収入源は養蚕業であった。各村とも多くの養蚕経営農家を抱え、収入額としても水稲収入に決してひけを取らないほどで、この地域の重要な経済基盤であった。養蚕経営農家の戸数は、表1―5のように、各村ともかなりの数に達していた。そして、どこの村でも、この一〇年間に、そこに大きな変化はなかったの

表 1-5 養蚕農家戸数の推移

年	六日町	五十沢村	城内村	大巻村
1929	548	440	613	373
1930	608	446	596	390
1934	574	440	615	396
1935	523	470	599	377
1937	538	470	606	400
1938	492	420	572	470
1939	519	470	591	390

出所：『新潟県統計書』各年度版より著者作成。

である。養蚕業に重点を置く農家経営の実情は、恐慌期、凶作、戦時期を通じて一貫していたといえる。漸減、漸増とそれぞれ異なった推移を示してはいるが、いずれもほとんど変動はなく、この地域での養蚕業の経営基盤が安定していたことを物語っているのである。

それは養蚕経営の量的推移を示す掃き立て数量の様子をみてもうかがえる。表1―7は、一九三〇年代のみの推移ではあるが、村の規模の違いによって、総量の違いはあるものの、いずれの村も漸減傾向をたどりながらも大きな落込みとはならず、戦時の進行にともなって増加の兆候をみせていることが共通した特徴であった。戦時下、軍需を基軸とした需要の高まりが生産気運に影響し、経営農家を増やしつつあった様子が読み取れるのである。次第に規模縮小の傾向をみせながら、三八年ごろにその傾向に歯止めがかかり、翌年にかけて四か町村ともに、同じような増加曲線に移行していることが明らかである。

同様の推移を収繭高で追ってみよう。表1―6をみると、四か町村に共通して、いずれも恐慌期から減少傾向をたどり、大巻村を除き、三〇年代後半になっても、三〇年代初めの水準には回復していないのである。しかし、その一方で、今度は六日町だけを除いて共通しているのは、三八年から翌年にかけて増高曲線を描き始めていることである。各村とも恐慌期に収繭高を減少させたが、三七年の日中全面戦争突入とともに、一様に増収に転じ、翌年また減産となったが、次の年に向けて、六日町を除いて、また上向曲線を描き始めるとい

表 1-6　収繭高の推移　（単位：貫）

年	六日町	五十沢村	城内村	大巻村
1929	26,174	16,030	25,369	11,960
1930	26,549	16,466	28,053	13,074
1934	17,488	14,075	21,907	13,357
1935	18,048	13,650	20,758	12,300
1937	19,986	14,480	22,416	14,900
1938	18,659	12,140	20,536	12,410
1939	12,184	13,674	23,702	13,985

出所：『新潟県統計書』各年度版より著者作成。

表 1-7　蚕種掃立数量の推移　（単位：瓦）

年	六日町	五十沢村	城内村	大巻村
1934	45,184	26,000	47,534	23,626
1935	35,773	24,800	41,951	28,780
1937	36,642	24,900	43,229	29,300
1938	31,611	18,800	38,103	22,800
1939	34,906	19,860	40,377	23,410

出所：『新潟県統計書』各年度版より著者作成。

うのがほぼ共通した動きといえよう。恐慌期の繭価格の崩落、養蚕に見切りをつけようとする動き、しかし、本格的戦時への突入による軍需の増加、これらの動きに照応した収繭高の推移として把握して良いのではないであろうか。一九三八年の全体の落ち込みの原因が定かではなく、自然環境や生産条件による一時的なものとみるならば、一九三四年を底として養蚕経営の立て直しが図られ、一貫してその線が推し進められていくなかで、戦時の高需要期を迎えるという捉え方ができそうである。いずれにしても、この地域が養蚕業を農家経営の中心的部分に据え続けていたことは確かである。

養蚕の生産量に関わる掃き立て数量と収繭高の推移は、以上のように、恐慌期からの漸減傾向が、戦時の進展に従って、復調ないし、さらなる増嵩に向けて上向き始めるという動きとしてまとめられよう。それを農家収益と

表1-8　繭価額の推移　　（単位：円）

年	六日町	五十沢村	城内村	大巻村
1929	157,967	98,161	152,651	74,976
1930	76,870	47,798	75,438	36,232
1934	35,331	33,900	44,245	31,695
1935	67,430	55,228	79,320	50,227
1937	84,683	68,028	98,424	67,691
1938	82,530	57,287	88,534	57,098
1939	216,133	133,160	211,175	129,675

出所：『新潟県統計書』各年度版より著者作成。

の関係でみるために作成したのが、表1―8である。ここでは生産量の推移とは異なった形の推移に接することになる。戦時期の繭価額の昂騰が如何に凄じいものであったかがうかがえる。漸減傾向であった生産量などものともせず跳ね上がっていく価額の変動は、当時の繭価の跳ね上がりぶりを顕著に示している。軍需に支えられた需要増と、それに見合った価格の昂騰が、この収益に結びついていたことは明かであろう。そして、生産量において、どこの村でも、一九三八年までの漸減傾向が翌年に向けて上向の兆しをみせ始めるきっかけが、この大きな収益にあったであろうことも容易に想像されるのである。戦時期は養蚕業にとって大きな収益増をもたらしたのである。この点は、戦時体制と農家経済の関係を検討する際に、今後、見落としてはならないポイントといえよう。

第四節　小括―九年凶作の位置付けと戦時農業経済への着目

昭和恐慌期以後、戦時体制に至る短い期間であり、また、主として米と繭を中心とした指標のみであるが、山間の平場地帯の構造分析を行い、その地域の特性について検討を加えてみた。山間の地形は、平場地帯の広大な水田地帯を特徴とする新潟県にあっては、いくぶん異なったイメージでとらえられるが、県内ではこの類型に属する地域もかなり大きな割合を占め、そのこと自体が県の特徴ともいえるので、やはり地帯構造を踏まえた地域分析の、重要な対象であることは間違いない。そういったなかでも六日町地域は、主要街道に沿っていること、県境の谷の麓という交通上の、そして軍事上の要衝であったこともあり、古来からの歴史を負ったこの地域の中核として機能し、そのため近代に入っても、その位置は揺るがず、それが町の発展と産業の展開に結びついていった。郡の中心として、行政機関をはじめ農会や産業組合の支部が置かれるなど、町場としての発展もその結果であった。

周囲を山並みに囲われながら、水量豊かな魚野川の貫流する地形により、多くの平場地帯を有し、それが近代の土地改良や農業技術の進歩により、水田耕作を広く可能にする素地を作っていった。一方、山間の地形が広がる周辺農村では、養蚕業が広く展開し、折からの生糸需要の影響もあって、安定した産業基盤を形作っていった。養蚕業から得られる収益は、水田からのそれに匹敵するほどの額に達し、農家経済の重要な一角となっていた。しかし、ここでは触れられなかったが、例えば五十沢村は、戦前を通じて大量の出稼ぎ女工を送出した村としても知られ、そういった家計補充的農外労働を必然とするような農家経済の有り様であったことも見逃せない。水田耕作に期待できず、養蚕業からの収益にのみ頼らざるをえなかった、この地域の農家の実情がそこには浮き彫りにされていたのである。

こういった実情の六日町地域の、この時期の農業構造の特徴を整理してみると、山間の地域であったことを反映して、昭和恐慌の打撃を上回る形で九年凶作の被害が甚大で、農家経営に与えた影響が大きかったことである。米と繭の生産量及び収益に関する何れの指標をとってもそのことは明かで、経営の立て直しは、すべてで底値となった昭和九年を出発点に開始されることになり、それがこの地域の立ち直りを甚だしく遅らせる原因となっていたのである。

生産構造としては、地域の平場地帯を多く含む村では水稲が、そして、山がちな村々は養蚕がといった形で明確な棲み分けが為され、後者の占める割合が高かったところに、この地域のそもそもの特徴があったといえる。そして、魚野川流域の平場地帯の水稲生産では、生産力水準は低位で不安定であり、高位生産力水準を誇る蒲原平野、頸城平野諸郡との好対照をなしていた。そして、その特徴は、この時期に至っても克服されることなく、大きな進展をみることなく戦前を推移したことがわかるのである。その水稲生産に加え、広範に展開した養蚕業では、必ずしも生産量の大幅増は見込めなかったものの、生産規模を維持し、折からの繭価の昂騰に乗って、多額の収益を上げ、農家経済の拠り所となっていった。

恐慌克服過程で襲来した九年凶作の打撃が深甚であったことは前述したが、特にそれは恐慌の打撃を乗り越えようとしていた矢先の追い打ちだっただけに、より深刻であった。そのため、そこを基点に立て直しが始まるわけであるが、その過程で一九三七年以降の戦時経済が果たした役割が非常に大きかったことも、一つの特徴として確認して良いのではないだろうか。全県でみても、水稲価額は恐慌期に七〇〇万円台にまで落ち込み、九年凶作で六〇〇万円台に低落するが、三五年には一挙に九〇〇万円台まで回復し、以後は一、〇〇〇万円台を維持して推移するのである。南魚沼郡全体でも同様で、二〇〇万円近くから一五〇万円台まで落ち込んだ恐慌期の水稲総額は、凶作時も一六〇万円台と低迷を続けるが、翌年一挙に二五〇万円台まで跳ね上がり、以後も三〇〇万円台、四〇〇万円台と上向を続けたのである。このような価額の堅調は、六日町地域の各村でも同様で、表1―4でも明らかなように、三四年を底にそれ以後はかなり顕著な右肩上がりを示すのである。繭価額についてもすでにみたように、同様の傾向が看て取れ、郡全体でもそうであるが、六日町地域でも同じく、三五年からの一貫した回復基調と、三八年から三九年にかけての急騰が農家経済にとっては大きな収益増であったことは明かである。凶作時の価額が余りにも低額で、そこを基点に据えるために上向曲線が際立つのは確かであり、また戦時インフレの進行という背景には相当配慮しなければならないが、それだけでは説明し切れない、戦時に入ってからの米と繭の価額の上昇が、やはり戦時期農業・農家経済の分析に当っては、重要な要素であることが最確認できるであろう。

以上のように、府県統計書のデータが、米と繭に関しては、一九三〇年以降、郡市レベルから市町村レベルまで精細になることにより、地域分析の精度はどれくらい高まり、そのことによって地域特性の把握はどこまで可能か、六日町地域を素材に検討してきた。そして、そのことは、全県をベースに三類型分けした地帯構造論とどれだけ関連づけできるかの検証でもあった。その結果、六日町地域が、山間地、南魚沼郡の一画にありながら、水量豊かな魚野川流域に広がった平場地帯を有し、水稲生産も手掛けられていたことにより、主業養蚕地帯とは区分し切れない特徴を持っていたことが明らかとなった。しかし、個々の農家経営にとっての養蚕業収入の比重は高く、特に水稲の生産力水準が低位であったことも影響して、米と繭の経営構造における位置は、六日町地域に関しては中間地帯的特徴を色濃く持っていたといえる。地主的土地所有制の展開過程、及び地主制そのものの在り方も、養蚕地帯と異なる様相を呈していたと思われるが、これについてはさらに今後の検討課題としたい。この地域の場合、さらに正確な農家経営分析のためには、その地主制の展開度に見合った小作料水準の検証と、この地域で特に盛んであった女工出稼ぎによる家計補充的労働からの収入の役割などを、分析対象に据える必要があるが、差し当っての米と繭の基本データでも、それが町村ごとに得られることで、村々の農家経済の基本的な特徴を把握することは可能であるといえよう。そして、そういった分析をさらに積み上げていくことで、農業の地帯構造論も郡市レベルよりもより精細に展開していくことができると考える。

第二章　都市の経済発展と近郊農村─一九二〇～三〇年代、大阪市周辺農村の事例から

はじめに

本章では、戦前日本資本主義の経済発展が農業、農村に及ぼした影響について、労働市場の展開を通じて考察を加え、その特徴を明らかにする。[1] 特にここでは、大阪府の個別事例を対象に、昭和恐慌以後、戦時期に至る時期を対象に検討を進めていくが、それには次のような理由がある。一つには、大阪府に関しては、後に全府的レベルで、昭和恐慌克服過程の農工間の関係について検証を行うので、時期的にその前提づくりの位置づけを与えている。その折にも触れるが、この時期の大阪府を事例としたのは、まさに恐慌克服を一つの契機にこの地域が重工業化を飛躍的に高め、戦時期の軍需重化学工業化への先導的役割を果たしたことにあった。一九二〇年代から、「東洋のマンチェスター」といわれ、工業化先進地として資本主義的経済発展を遂げていた大阪市は、しかし、昭和恐慌でやはり大きな打撃を受け、産業基盤に痛手を被った。生産力そのものの低減は回避しつつも、生産価額の大きな落ち込みが労働市場の縮小にも結びつき、不況局面が顕著に表面化したのである。しかし、他面では、それまで培った産業基盤の強さがあったために、その恐慌の打撃を短期間で克服し、対外的軍事発動という背景をバネにしてではあったが、軍需を軸とした急速な重化学工業化に産業構造を再編成し、恐慌からの回復を果たしていったのである。その意味で、歴史的に「天下の台所」として商都の繁栄を積み上げてきた経済基盤を背景に、さらに工業発展の成果を蓄積したこの地域は、全国に先駆けて重化学工業化を果たし、戦時軍需工業の基盤を形成する典型例となっていったのである。

では、そこでは農工間にどのような関係があったであろうか。この点については、すでに他の機会にも触れたように、[2] 一九二〇年代にやはり大きな資本主義的発展を遂げた名古屋市などでも見られたように、工業発展のスピードの速さとそれにともなう都市化の急展開は、特に名古屋、大阪といった工業化した大都市の場合、周辺農村を一挙に都市化の渦に巻き込む過程として進行していった。(3) そして、このような特徴は、大都市における典型例であると同時に、また、都市的発展と周辺農村という資本主義の経済発展に必然の、農工間の在り方を象徴的に示すものであると考えられる。典型例としての大都市の事例を取り上げる意味はこの点にあるであろう。

他方、ここでは、実際の周辺農村の個別事例を分析対象に据えていくか、そこでは府県郡市レベルの総体的検証ではとらえ切れない、近隣農村の都市化の多様な側面を検出することができると思われる。第一節で取り上げる大阪府豊能郡南豊島村は、市の中心部からわずか一〇キロメートルという近距離にあり、交通も至便な文字通りの近接農村であり、急激な都市化の波により被った変貌の様子を検出できるであろう。第二節で対象とする泉北郡百舌鳥村は、大阪市に近接する堺の隣村で、大阪の発展とともに急速に都市化した衛星都市の状況を検証することができよう。第三節で検討する中河内郡松原村は、大阪市の中心部に近く主要駅にもわずかな距離であったため、直接都市化の波に洗われ、村の姿そのものが変化していく実態を検証できそうである。このように実情の異なる三事例を、大字《おおあざ》レベルにまで立ち入って検討することにより、都市発展の影響の多様な側面に触れていきたい。すなわち、一般的には都市の商工業発展とともに、周辺農村の農業者数が減少し、離村や出稼ぎ型労働の形で商工業従事者が増えていき、農業経営、農業生産に影響が出てくる状況、あるいは別の機会に触れたように、都市的発展の規模が余りに大きい大都市の周辺では、その影響が一挙に近隣農村に及び、短期間のうちに農地の潰廃が進み、農業生産基盤が掘り崩される場合もあった。しかし、後に触れるように、都市的発展の規模の大きさ、速度の速さが、周辺農村の人口増に結びついたり、あるいは、農家経営を継続する農家の、一戸当たり経営規模が却って拡大したりといった、全体的傾向とは必ずしも一致しない特徴的な事例にも遭遇することになるのである。これらはレアケースとも考えられるが、少なくとも現象として表面化している以上、それらも含めて、都市的発展の影響として捉え切る枠組みが必要となるであろう。本章で個別事例に焦点を当てて分析を進めようとするのは、前章で確認した府県郡市レベルの総体的な特徴把握を個別農村で具体的に検証するとともに、こういった個々の農村が抱える個別事情についても明らかにし、総体としての枠組みを再検討する必要があると考えるからである。以下、大阪市周辺を題材に、それぞれ立地の異なる近接農村の個別事例を検討していく。[4]

第一節　都市的発展と人口増加する周辺農村―豊能郡南豊島村の事例

一　南豊島村の概況と人口動態

対象地の南豊島村は、[5]大阪市の北方、市の中心部からはほぼ一二キロメートルほど、市域境界線から約一キロメートルに位置し、一九二〇年で約八〇〇戸、三、六〇〇人余りを有する農村である。市との交通も至便で、阪急宝塚線の服部、岡部の両駅が利用でき、そこからほぼ二〇分ほどで大阪市の中心に出ることができ、また、一九三〇年代の後半、村の東部を産業道路が貫通し、その周囲、特に村の東北部一帯の丘陵地帯に新興の住宅地が急展開し、それが村の景観を一変させることになった。まさに、昭和恐慌回復過程での大阪市の重化学工業的発展と、都市機能の急速な拡充の影響を直接受けた結果であった。

先ず、その特徴的な人口動態を表2―1で確認しておこう。一九二〇年に八〇三戸であった現住戸数は、二〇年代を通して増加傾向をたどっていたが、三〇年代に入る頃からその歩を速め、三〇年代半ばには、二〇年にほぼ倍する一、五七二戸に達していた。職業別にこの増加傾向をみると、農家戸数がいくぶんの増加はあったものの、結果的に三〇戸の減少を来し、全体に占める農家戸数の割合は、一九二〇年の四六％から三六年には二〇％と著しく減少し、もはや農村とは言い難い状況になっていた。とはいいながら、二〇年に三四五町五反あった耕地面積を、この年には三二四町八反と、二〇町七反を減じていたとはいえ、村の西南部を中心に、米、小麦、菜種などの栽培が盛んで、農村的色彩を色濃く残していた。この農業戸口の推移に対して、商業と公務・自由業、とりわけ後者と雑業的部分も含めた「その他」に当たる職業に、著増傾向があったことが明らかとなる。これは後にみるように銀行員や販売員などのサラリーマンや、役場吏員を代表格にした公務員などが中心であったようである。(6)特に、公務・自営業とその他に属する従業者は、昭和恐慌克服期、大阪が重化学工業化を飛躍的に進め、大都市としての機能を充実させ、同時にその周辺に衛星都市が形成される時期に、目にみえてその数を増やしていることが特徴としてあげられるであろう。また、これらに対して工業従業者に目立った変化がなかったことも、この村と市の関係を示しているかも知れない。

人口動態のもう一つの特徴として、増える人口の男女比のアンバランスをあげることができる。全国をはじめ一般的には、人口構成の男女比は、僅かに男子が多いのが通例であるが、南豊島村は、一九二〇年代の人口増加過程で、一貫して女子の増加の方が著しく、その差は広がり続け、二〇年で男子が九割七分と少なめであったものが、三六年には九割三分まで減り続けていたのである。これは、大阪市の発展にともなって村の職業分布、就業構造も大きな影響を受け、そのため女子の村内での就業機会が増えていった結果と考えられるが、(7)その内実についても、後ほど少し立ち入って検討してみよう。

先ず村全体の人口移動の状態を概観し、そのうえで個別部落の仔細な検討に進んでいきたい。一九三六年時点で、他出人口は、九四七人であり、その内訳は、自郡内他町村が一九二人（二〇％）で、自府内他郡市は四三一人（四六％）、他府県へは三二四人（三四％）であった。自府内他郡市が多いのは、もとよりそこに「大阪市、堺市等の人口収容力の大なる大都市が存在するためである」。この一方、村外からの移入人口が、この他出人口を遥かに上回って多数にのぼっていたことが大きな特徴であった。すなわち、同じ年の移入人口は三、六〇三人で、自府内他町村より二三〇人（六％）、自府内他郡市より一、〇五三人（二九％）、他府県より二、二七〇人（六三％）、外地（主に朝鮮）より五〇人（一％）で、他府県からの移入者が過半を占めていた。

表 2-1　南豊島村職業別戸数の推移

年	南豊島村現住戸数	戸数推移							
		職業別戸数							
		農業	養畜業	漁業	工業	商業	公務・自由業	その他	合計
1920（大正9）	803	376		3	25	45		345	794
1925（大正14）	1,040	386		5	35	60		420	906
1930（昭和5）	1,228	413		4	15	67	15	479	993
1935（昭和10）	1,489	346	2		27	72	85	851	1,383
1936（昭和11）	1,571	346	3		27	74	89	897	1,436

出所：帝国農会『大阪市近郊農村人口構成と労働移動に関する調査』より。

それは「大阪市の激烈なる人口増加の余波を受けそれを如実に反映せるもの」と説明されていた。都市周辺農村の人口流出については、後に部落レベルにまで踏み込んでより詳細な検討を行うこととして、ここでは、この人口増の側面について、先ず少し立ち入って検証しておこう。これも都市周辺、とりわけ急激な商工業発展を遂げた大都市周辺農村の特徴的な現象と考えられるからである。

冒頭触れたように、南豊島村の人口増は、これ以前から始まっていた。すなわち、一九一三年を一〇〇とした指数で示せば、この一九三六年は約二三〇で、この二〇余年間で倍増以上の伸びを示していたことがわかる。その推移は、一九一〇年代はほぼ横這いであったものが、一九二〇年代前半に約一・五倍、一九三〇年代に入って直後の恐慌克服過程で、基準値からすると二倍以上の急増ぶりを示していて、まさに、大阪市の商工業発展、都市拡大と照応した動きであった。それは、すでに表2―1でみたように、その人口増が農家戸数の増加ではなく、商工業関連業種及び公務・自由業等の職業戸数の増加によってもたらされていたことからも、大阪市との関連は明瞭であった。それゆえ「工業戸口は殆ど停滞気味で聊かの増減をも示していない。本村の人口増加は、その工業化によるものでなく、むしろ大阪市への交通地位のよさから急激に住宅地帯化せるによるものであ」ったといえるのである。しかも、その住宅地化は、以下のような形で進行した。すなわち、「本村が阪急電鉄宝塚線の服部、岡部両駅付近の高燥なる住宅地域を包含し、而かもこゝに住居を求めて流入し来る階級が主に相当高級なる銀行、会社員であって」と記されたように、従来の農村とは異なった新興地域が、村外から大量に流入した人々によって形づくられ、農家人口が四割を下回るような状況がすでにこの時期現出していたのである。これは、後述する通勤による労働形態とともに、急発展した大都市近郊農村の大きな特徴といえよう。そしてその結果、これらの高給取りの新住人たちが、概して「家庭内に於て女中所要的階級」といわれるほどの高級さであったために、就業人口全体の約一割を占める女子家事使用人の存在を生み、それが「本村に於ける男女比率を全国平均から偏奇せしめるに至った最大原因」となったのである。

二　人口流出の態様

それでは、次に村外への人口流出の態様を少し詳しく追ってみよう。大阪市内への交通が至便であったために、市の発展とともに流出人口も一九三六年時点で一、〇〇〇人近くを数えたが、その約六割近くが日々の通勤形態での流出であったことが大きな特徴であった。「大都市の近郊に於ける農村では、交通の地位の良さからして、自部落から離村することなくして容易に就業しうる可能性が大き」く、「特に大阪市の如く我国に於ける資本主義発展の象徴とも看做さるべき産業都市に近接する農村では、この最寄の都市以外に一層有利なる就業のチャンスを遠隔なる地に掴むといふことは極めて困難であり、従って他の都市への長期の出稼は極めて少ない」と考えられるからである。また、同様に「農閑期利用を目的とする季節的通勤労働はあるが、過剰労働力を利用するため、自部落から一時的にせよ離脱しての季節的出稼も亦少ない」と予想されるのである。

離村を伴わず都市的産業に従事する労働力は、つまり通勤の形態をとるわけであるが、それはどのような態様であったのであろうか。やはり一九三六年のデータであるが、通勤先と職業別の通勤者数を表2―2に一括した。この年の通勤者は五六三人、そのほとんどは男子で、女子は、店員と職工にそれぞれ二〇人ずつ、合わせて四〇人に過ぎなかった。これは他の周辺農村とは異なるこの村の特徴の一つといえるかも知れない。通勤先の六四％近くは大阪市で、二二％の豊中市がこれに次ぎ、ほぼこの両市でほとんどを占めていることがわかる。大阪市への過半を会社・銀行員が占めているが、交通の発達が、この村と市を結びつけていたように、鉄道関係の従事者がこれに次いで多く、二割近くを占めていた。また、大阪市の商都としての発展を思わせるように、女子を含め通勤の店員が多かったことも特徴といえよう。女子二〇人を含み全体としても三〇人という数はさほど多くないが、通勤の工場労働者はそのすべてが大阪市の工場地帯が勤務先であり、全体の二割以上を占める日雇い労働者は、新興著しい豊中市に集中していた。大阪市の周辺にあって都市基盤を拡張していた同市の旺盛な需要に支えられていたのであろう。(8)

このように大阪市の産業発展が著しく、また、衛星都市の建設が進むなかで、都市基盤整備事業はもとより、市域の拡大は公務の機会も増やし、また商工業発展は多様な労働機会を準備し、また商都大阪の盛んな商取引の展開は、そこでの就業機会を拡大していった。また、それらに交通至便な周辺農村はたちまち巻き込まれるわけであるが、それは居村からの離脱を伴わない関わり方が可能なために、それら都市産業に関係する従業者が増加し、農業者が減少する形で進みながら村の人口は減少せず、むしろ大都市を目指した他地域からの就労者が新興の住人として流入し、結果的に村としては人口増に至ることになったのである。しかし、もちろんこれは農村としての人口増ではなく、村が通勤型労働を中心とした労働移動の拠点としての役割を強めるなかで、農家戸数は減少傾向をたどり、農村破壊が進んでいったのである。村を取り巻くこのような状況が進行する一方で、その一角にはまた、農村的部分を残しながら推移する側面もあった。南豊島村の利倉部落は村のほぼ中央に位置し、都市発展の影響を比較的緩やかに受け止めながら、村のなかでも農村的部分を維持していた事例といえるかも知れない。この時期の労働力移動の状況を少し詳

表2-2　南豊島村職業別通勤者数　（単位：人）

通勤先	官公吏	会社・銀行員	教職員	店員	電鉄従業員	職工	労働者	自営	計
大阪市	5	150	10	70 *	70	30 **	10	55	400
豊中市			1				120		121
小曾根村	1						5		6
中豊島村							30		30
庄内村			1				5		6
計	6	150	12	70	70	30	170	55	563

注：* 女子20人を含む　　* * 女子20人を含む。
出所：帝国農会『大阪市近郊農村人口構成と労働移動に関する調査』より。

しく検証してみよう。

南豊島の「村内に於ても特に農村色の豊なる一部落」といわれた利倉部落の農家五二戸を対象に検討を進めるが、経営面積別に分布をみると、五反～一町を耕作するものが最も多く、二二戸（四二・三%）で、一町～一・五町がこれに次いで一六戸（三〇・八%）、以下五反～一町と一・五町～二町がそれぞれ五戸（一%）ずつ、二町以上が四戸（一%）となっていた。これを自小作別にみると、自作農家一二戸、自小作農家七戸、小作農家三三戸という内訳になる。

この部落を離れて他出した人数は一四人で、兵役、婚姻などを除き、就労を目的に、主として大阪市、堺市に離村した人数は七人であった。(9)一九三六年の部落現住人口は二八九人、そのうち労働能力ある者は一五七人、そのなかでの都市移住者の数は決して多いとはいえないが、その析出基盤は、小作層が最も多く、経営規模では一町～一町五反が多かったが、それ以下層に集まっていて、少なくとも一町五反以上からは一人もいなかった。離村者数としては多くはなかったが、経営規模が小さい小作層から都市に向けて村を離れるという一般的な傾向はうかがえる。

この部落でも他出労働の中心は通勤型労働であった。その数は三三人で、内訳については集計が不明瞭なところもあって不確定の要素も多いが、会社員、銀行員や職工がほぼ半数を占め、残りは日雇い的な賃労働者であった[10]。経営規模との関係や自小作別については細かくは判明しないが、経営規模が中位以下の小作層からの析出が多いことは間違いないようである。特に賃労働者はその階層であったと思われる。そして、生計の基盤を農業経営から通勤型賃労働に移行していく傾向も顕著であった。「賃労働と経営主との続柄を問ふに、経営主、長男、妻、養子等の如く、農業経営の実質的担当者と思惟される人が殆どその大部分を占めてい」て、農業経営の方が従になっている実情は明らかである。後に触れるように、それら通勤型労働を行っている農家の収入構成をみると、耕種収入の占める割合は依然高いものの、勤労収入もそれに次ぐ割合を示し、全収入のなかですでに重要な構成要素として位置づいていたことがわかる。

通勤先は必ずしも大阪市ということではなく、自村内他部落、郡内他町村も比較的多かった。大阪市の経済発展のなかで、むしろ村及び近郊がその都市的発展の影響を強く受け、通勤型労働を受け入れる商工業展開を遂げていたと考えられる。実際の大阪市周辺では、この間、堺市、豊中市、岸和田市など、それぞれ独自の特色を持った基幹産業を中心に、大きく経済発展を遂げ、都市的膨張を続ける諸市があった。これら衛星都市の存在もまた、大都市周辺では、広い意味での都市的発展の一環として注目する必要がある。以下ではその点も含め、検討対象に迫っていきたい[11]。

第二節　大都市周辺衛星都市の近郊農村―泉北郡百舌鳥村の事例

一　泉北郡百舌鳥村の概況

対象地である泉北郡百舌鳥村は、大阪市の南方、堺市の東方に位置し、阪和線仁徳御陵駅に近く、天王寺駅よりほぼ一五分という、まさに交通至便な位置にある。その位置とも関係して、大阪市の都市的発展に強く影響されつつ、特にその衛星都市として頓に急発展を遂げつつあった堺市との関係が深く、[12] 労働力移動の点でも、特徴的な様相を呈することになった。その点を、村全体及び個別部落の検討によって明らかにしていこう。

百舌鳥村全体で耕地面積は、一九三六年時点で、水田五七二町二反、畑三九町八反で、主要農産物は米、麦、胡瓜などであったが、特に、大阪市、堺市向けの蔬菜栽培が盛んで、最も典型的な都市近郊農村であった。人口動態においても、都市との関係が深く、両市、とりわけ堺市の商工業発展の帰趨に、本村の人口の増減が大きく影響をうけることになった。村全体としては、一九一三（大正二）年から一九三六年の間に人口は約一・五倍増加したが、そのほとんどは非農業者で、農業者は戸口、人口とも減少傾向をたどった。「人口増加の特に大であったのは、大正十三年、昭和六、九、十年等であって、このことは、堺に極めて近接して居り、その発展の影響を如実に蒙ることに由来する」とされたように、「本村の人口増加は、農業人口のそれによるものではなく、むしろ商工人口によって齎されたものであるからして、商工業に於ける、景気の上昇、発展、沈滞等に応じて本村の出入人口に顕著なる波動を引き起こしているからであ」った。すなわち、「趨勢的には人口増加の傾向を辿るのは近接する堺市に於ける商工業が景気循環の制約にも拘わらず漸次的に発展せる事」に強く影響されてのことだったのである。

実際に一九二〇（大正九）年から一九三六年に至る間に、現住戸数は八一八戸から一、三一九戸へと約一・六倍の増加を見たが、職業別では、農家戸数は五二一戸から四九九戸へと減少していたのに対して、工業は一三戸から五二戸、商業は五二戸から一九九戸へと大きな増加を示していた。人口増加の基盤が商工業者、とりわけ商業従事者の増加にあったことは明らかであり、それは近接都市、とりわけ堺市の商工業発展と軌を一にしていた。このような影響は村内の人口構成の年齢別割合にも現れ、生産年齢の比重が高まり、幼年・老年層が相対的に低下していた。すなわち、「大都市に発達せる諸産業は青壮年の如き所謂生産年齢階級をより所要的ならしめ、これに反して、幼年及び老年等未就職の者乂は退職者に対して幾分排他的となる」が、「かゝる影響は近郊農村にも亦相当強力に作用する」結果といえ

表2-3　南豊島村職業別戸数の推移

		官公吏	会社・銀行員	教職員	店員	電鉄従業員	職工	労働者	その他	計
大阪市	男	13	8	6	15	10	13	3	4	72
	女		2		3					5
堺市	男	15	5	6	5		155	85		271
	女	8	2	1			133			144
他町村	男	3		9		2	16	2		32
	女		2	3			13			18
計	男	31	13	21	20	12	184	90	4	375
	女	8	6	4	3		146			167
	計	39	19	25	23	12	330	90	4	542

出所：帝国農会『大阪市近郊農村人口構成と労働移動に関する調査』より。

るのである。

それではこの増加人口は、どのような就労形態をとっていたのであろうか。一九三六年の村外への移出人口は、一、〇二九人と多数にのぼっていたが、その五二％に当たる五三四人は府内の他都市に向けた移動であった。大阪市、堺市、とりわけ後者が主な出先であることが想定される。この他、泉北郡内の他町村への移出が三九〇人で、移出者全体のほぼ三八％を占め、そのうち、通勤型労働者が五四二人と多くを占めていたのが、やはり大都市近接農村の特徴であった。これらの通勤先と職業別内訳を男女別に一括したのが表2―3である。これによると、全体のほぼ七七％に当たる四一五人の通勤先が堺市に集中していたことが先ず目につく。特に女子の八六％が堺市に向けた通勤であり、男子七二％を大きく上回っていた。職業別では職工の比重が高く、男子でほぼ五割、女子はより高く七八％を占めていた。日雇い労働を含む労働者は、女子では該当がなく、男子の一定の割合を占めていた。これらを除くと、官公吏、店員など、やはり大阪市、堺市に向けてある程度の就労が確認できるが、その比重は高くなかった。通勤型労働の約三割に達していた女子労働は、職工が多くを占めていたが、その大部分は堺市に集中していた。「これはこゝに紡績工場等女子を多数に要する軽工業が発達せることに由来」していた。(13)

二　通勤型の人工流出

このように百舌鳥村は、都市の商工業発展、とりわけもっとも近接している堺市の商工業的発展の影響を強く受け、そこに向けての通勤型労働力を厚く村内に堆積することになったのである。しかも、その多くが、都市発展が著しいこの間に、他地域から移住してきた新興の住民であった。村内の農家、農業人口が減少し、それが都市向け労働力に転じていく動向も勿論あったが、それを上回る勢いで、通勤の便を目的に村外から人口が流入していたところに大きな特徴があったといえる。一九三〇年五六三戸であった農家戸数は六年後の三六年には五二五戸と三八戸の減少を来し、それにともなって水田面積も二四六町六反から二四三町三反へと三町三反を減じていたことからもわかるように、農村としての百舌鳥村にもたらされた影響は決して小さいものではなかったが、村外からの大量の移住者はそれ以上のインパクトを持っていたのである。

この点も含め、ここでも個別部落の実態に立ち入ってより詳細に検証をしておこう。対象とする西部落は農家戸数四五戸、経営規模は総じて小さく過小農経営がほとんどであった。すなわち、耕作規模五反以下が三〇戸と七割近くを占め、次いで五反～一町が一〇戸で、大半がこれらで占められ、残り五戸が一～二町で、二町以上経営はいなかった。自小作別戸数は判明しないが、他のデータからみるとやはり小作層が厚く、次いで自小作、自作となっていたことが類推できる。過小農経営ではあるが、近郊農村の特徴を良く表した集約的農業で、米、裸麦、胡瓜等を主に生産していた。「斯様な経営集約は労働力利用の年内分布を平均的ならしめ、所有労働力と利用労働力の季節的分配に於ける矛盾を比較的少なからしめて居るものと予想」されるのであるが、しかし、実際はそのようにはなっていなかった。経営の集約性以上に小規模経営であることが労働効率を阻害し、所要労働と利用労働の月別分布を集計すると、六、七月と一一月の農繁期には労働力不足を来すものの、他の月は完全な労働力過多で、合計すると相当の余剰労働力が滞留している結果となるのである。このことと、近接する堺市の都市的発展が結びつき、部落内農家からの通勤型労働力の析出となったと考えられる。史料的制約で、詳細は通勤型労働の賃労働者分しか判明しないが、部落内の人口は男子七三人、女子七五人で合わせて一四八人、このうちの労働可能人数は、男子四八人、女子三九人で計八七人であった。このうち、賃労働者として部落外に出ていた人数は一二人で、内訳は男子九人、女子三人で、労働可能人数に対して女子は一割弱、男子で二割近くが自己の経営外で就労していたと考えられる。経営規模との関係では、全員が一町未満層で、五反以下が半数を占めていた。自小作別では、自小作が一人で、残りはすべて小作であった。この部落の場合は堺市との関係では、ほぼその半数ぐらいが市への通勤者であった。

以上のように、百舌鳥村全体で見られた堺市との関係が、この西部落でも一定確認できたが、部落の村内での位置とも関係して、堺市への直接的な労働力の包摂という点では、いくぶん緩やかな傾向を示していた。しかし、その場合でも、過小農経営が圧倒的比重を占める経営規模の特徴を反映して、集約的経営を進めながらも季節的繁閑のなかでの余剰労働力の捌け口として、急展開を遂げる堺市の商工業が大きく機能することになった。大都市大阪市の著しい産業発展が、周囲に多くの衛星都市を生み、それらはそれぞれの特徴的産業を基軸に同様に商工業発展を遂げていったわけであるが、その衛星都市の近郊では、やはり農村が大きな影響を受け、そこに向けた通勤労働の拠点として、村外から人口が流入するとともに、もともとの村内農業人口の流出も起こっていたのである。

第三節　余剰労働力の有効利用と近郊農村—中河内郡松原村の事例

一　中川内郡松原村の概況

検討対象の松原村は大阪市に近接し、市域に約一キロメートル、市の中心部まで約一二キロメートルという位置にあり、大鉄の阿部野橋ターミナルまで約二〇分という近距離のため、住宅地化の進行を免れることができなかった。

また、村内には、小規模ながら織物工場、鉄鋼所があり、工業地化も始まっていた。そういった背景の下、一九二〇年代以降の資本主義発展のなかで、大阪市の都市的膨張が村の内部にまで入り込み、特徴的な労働力移動をもたらすことになった。

一九一三（大正二）年の村の人口は四、三九七人、それが二四年後の一九三六年には、六、〇九八人となり、ほぼ三九％の増加を記録していた。これを戸数で職業別に示すと表2―4のようになる。現住戸数は一九二〇年から三六年で約一・六倍の増加、職業別の趨勢をみると、その増加分が何によってもたらされたかが明らかとなる。すなわち、農家戸数は、六八〇戸が五四六戸に対し、公務・自由業がほぼ一〇倍、商業が約五倍という、これは急増といって良い数字を示していて、両者は好対照をなしていた。戸数の合計も、八七四戸から一、三二四戸と四五〇戸増えており、これは自然増といえる数字でないことは確実であろう。実際に流入人口をみると、一九三六年単年度であるが、村外から村内に移住した人数は六六八人、そのほぼ半数、五二％は府外他府県からの移住で、自郡内他町村一七三人、大阪府内他郡市一三一人を大きく上回っていた。また移住者全体のなかでほぼ四八％に当たる三二〇人が公務・自由業に携わっており、一四二人（二一％）の商業、七四人（一一％）の工業を大きく上回っていた。ちなみに農業は四四人（七％）に過ぎなかった。このように、松原村の人口増は、他府県を中心に村外から移り住んできた流入者によってもたらされ、しかもその大部分は、近接大阪市の都市的膨張によって生み出された就労機会を目指して集まった労働者で、農業に関わる人々ではなかった。このことは当然村の農業に影響を与えざるをえない。農家戸数の減少は先に見た通りであるが、農耕地についても、一九三〇年から三六年の間に水田面積が三九町三反を減じ、人口構成とともに農村としての村の姿は変容を来し、都市向け住民が住む地域ができつつあった。

このような村の状況が労働力移動にどのような影響を与えることになったか検討してみよう。他出労働についてその動態を追ってみると、先ず完全離村による他出人口が、一九三六年で二〇八人と多数にのぼっていたことが目を引

表 2-4　松原村職業別戸数の推移　　（単位：戸）

年	現住戸数	農業	漁業	工業	商業	交通業	公務・自由業	その他職業
1920（大正 9）	847	680	31	44	55		42	
1925（大正 14）	932	674	22	35	109	23	31	28
1930（昭和 5）	1,054	578	13	28	111	13	311	
1935（昭和 10）	1,269	555		20	246	2	446	
1936（昭和 11）	1,320	546		10	286	6	472	

出所：帝国農会『大阪市近郊農村人口構成と労働移動に関する調査』より。

く。このほぼ半数に当たる一〇八人（五一％）が府内他都市であったから、ほぼ大阪市、あるいはその衛星都市と考えて差し支えないであろう。「これは大都市近郊農村の人口の流動現象における一特質」であって、「出生地の比較的近在に於いて、自己の労働力の消化域を発見し得る」ことによってもたらされたといえよう。二〇八人の職別人数をみると、商業が九五人（四五・六％）で最も多く、次いで工業四一人（一九・八％）、公務・自由業二七人（一三％）と続き、農業は一一人（五・三％）であった。都市への流出一〇八人の職業別もほぼ同様の割合であったが、工業が三割近くと比重が高かった。

　次に通勤型労働の動きを追ってみる。この形での移動労働は一九三六年で五三〇人と相当な数にのぼり、うち男子は四九〇人、女子は四〇人という内訳で、「通勤先としては女子にありてはそのすべてが大阪市であり、男子にありてもその大部分が大阪市であ」った。男子の四〇％に当たる二〇〇人は職工、次いで官公吏、会社・銀行員のそれぞれ一〇〇人が主要な職種であった。女子は店員と電鉄職員がそれぞれ二〇人ずつであったが、こういった職種の通勤型労働の拠点として松原村が機能していたことがわかる。

二　村内各部落の実情

このように都市発展の影響を受けた松原村の様子を、さらに個別部落の検証によってより詳しくみておこう。対象とする田井城部落は戸数五九戸、その九割以上が経営面積一町以下の小規模経営で、特に全体の六割近くに当たる三五戸は五反以下という過小農経営が中心であった。五九戸のうち一一戸（一八％）が自作農、五戸（八％）が自小作農、残り四三戸（七二％）が小作農で、農民層分解が進んでいたといえる。

この部落から完全に離れて他出した人数は一五人で、入隊一人、女中二人を除き他は「大部分を大阪市、堺市及び郡部の工場所在地で消化してゐ」た。職種としては職工が最も多く五人、その他は一～二人ずつが農業、事務員、店員などとなっていた。農業経営との関係では「蓋し出生家族に於いて、将来自活の道を立てる事の不可能」な者、すなわち「将来相続可能性のないもの」が多かった。しかし一方で不在者の中には長男も五人含まれており、「農業と農業以外の職業との比較における優劣に対する感情も、仮令意識的ではないにしても、不在の誘因となってゐる」と考えられる。「農業嫌気」という表現も使われているように、都市労働、都市生活と農村でのそれを比較考量し、都会への憧憬を募らせるといった心情が、少なからず、こういった労働移動の背景にあったことがうかがえる。都市と農村の違いが眼前に繰り広げられ、容易に彼我の比較ができてしまう都市近接の農村で、特に労働賃金の有利性、生活程度の豊かさが明らかな時、そして、高率小作料の重圧のもとで、しかし、無所有であるため、ある意味で土地に緊縛されない小作農が比較的容易に、その向都心に促迫されて脱農していく現象は、むしろ当然であるといえるかも知れない。経営面積との関係で、他出労働が、一町以下層に集中していたのも、それを裏づけているといえる。自小作別でもそれは同じで、ほとんどが小作層からの析出であったが、「耕作面積の大小よりも、所有の階級別の方が、不在家族員の多少により強い影響がある」と見られた。

それでは「近郊農村に於ける労働移動の最も表徴的な日々の通勤者数」は田井城部落ではどのような状況であった

であろうか。人数は三四人を数え、男子が二九人、女子が五人のみとかなりアンバランスであったことが、他の事例と比べて大きな特徴であった。職種をみると、自村内で働く三人を含め賃労働者が一五人いたが、その多くは「仕事場を求めて次から次へと渡り歩くもの」であった。残り二一人のうち一四人が、大阪市で職工として働いていた。これら通勤者と経営との関係をみると、半数は経営主及び長男などが占めており、家庭内の余剰労働力と思われる残り半数と同じ割合を示していて、農業経営の観点からは決して忽せにできない状況といえよう。「農業経営のみにては、経営主及び長男の如き、農業の経営労働に於ける主要部分をすら、充分に消化し得ないもの丶相当多数あるを示すもの」であった。自小作別では、これも当然小作からの析出が多かったが、「小作人は、小作料の支払を要せない自作或は小作人程要しない自小作人に比して、小作地収入だけに依存し得ないことは当然のこと」なので、必然的な結果である。

このような他出労働移動を結果する原因は、農業経営内での余剰労働力の燃焼による小作料補填という構図で説明できるであろう。部落内全戸の労働可能人口とその労働可能量を析出し、それを積算して割り出した所要労働力について月別に弾き出した利用労働量と比較すると、余剰労働の実態が浮き彫りとなる。すなわち「本部落に於ては利用労働力の最も多き六、七月に於いてすら、所要労働の全量を利用してゐない」実態が明らかとなる。農繁期でその実情であったから、「況や、他の月に於いては尚更であり、利用労働最も少なき一、二月の両月に於いては、所有労働の半分も稜されてゐない」有り様であった。地主小作分解の展開と小作料の重圧、そのうえでの過小農経営におけるこの余剰労働力の存在が、他出労働力を生み出す原因となっていたことが明らかとなるのである。

第四節　小括

大都市近郊農村の個別事例分析により、都市の発展が農村、農業に及ぼす影響を分析してきたが、その結果をまとめつつ、ここで取り上げられなかった他の事例にも触れながら、近郊農村の実情を特徴づけておこう。

大都市の発展とその周辺に形成される衛星都市の商工業発展が、近隣農村、農業をどのように巻き込んでいくかという観点では、大阪市を典型例として考えた時、商工業及び公務・自由業といった、非農業部門での就労機会が急速に膨らむことで、周辺の農業従事者が強く吸引され、都市へと向かって移動し、農業の経営基盤が掘り崩される局面が展開する。そのこと自体は、ここで取り扱った個々の近郊農村でも確認できることであるが、他面、より仔細に個々の農村に密着して実態を検証してみると、一口に労働力移動といっても、その一般的傾向だけに留まらない、相当の多様性を持っていたことが明らかとなる。

都市との近接の度合い、村の階層構造、経営基盤の在り様などがそれら多様性を生み出す原因として考えられるが、特に大阪市及びその衛星都市の発展の急なることに促迫されて、産業構造はもとより、人的構成や村そのものの構造において、都市が農村に押し寄せ侵食するといえるほどの変容を来すことになった。

最初に取り上げた南豊島村は、それが人口増と、その男女比における女子の多さによって特徴づけられた。人口増は、村外からの大量の流入者によってもたらされたが、そのほとんどは大阪市、堺市での就業者であった。まさに都市の発展に吸い寄せられる格好で労働者が近郊農村に移り住み、通勤労働を含めて商工業や公務・自由業に就いていったのである。当然、もともとの村の住人で農業者であった者が、都市労働に転じた場合も多く、農家戸数、耕地面積は累年減少を続け、農業は減退していったのである。村の様子も大きく様変わりし、何より一角に新興の住宅地が誕生し、村外から移住した多くの人々によって都市的空間が広がっていったのである。この高燥な住宅地の住人となった都市労働者は総じて高給取りであり、家内にて「女中」を雇うほどのゆとりある生活振りで、まさに農村の一角に異質の都市ができ上がった景観であったことであろう。そこで雇用される「女中」の数により、村の人口男女比で女子の優位が特徴づけられるというのだから驚きである。鉄道の便が良く、また新たに産業道路が開かれたことが南豊島村にこのような急変をもたらした大きな要因であった。都市の発展、近隣農村の人口流出という一般的な事例とはまた大きく異なった様相を呈していたことで、この事例は特筆されるべきであろう。

泉北郡百舌鳥村は、この時期に飛躍的な経済発展をとげた衛星都市、堺の影響を強く受けたという点に特徴のある村であった。通勤型労働を含め、多くの他出労働者を抱え、その一部は、他地域から本村に移住し、都市で就労する就業者で、それが村全体の人口増をもたらしていたことは南豊島村と同様であり、また、従来からの村内居住の農家が、転じて都市労働者となる場合が多かったことも同様であるが、特に百舌鳥村の場合は堺市の主力産業であった紡績業に女子労働者が強く吸引され、他出労働者の多くを占めていたところに特徴があった。一九二〇年代以降の大都市の発展は、その都市そのものだけに留まらず、周辺に多くの衛星都市を生み出し、それらの商工業発展がまた周辺農村に多大な影響を与えるという重層的な波及効果を生み出すが、百舌鳥村と堺市の関係は、まさにその典型として位置づくであろう。

中河内郡松原村は、大阪市の急激な都市的発展の影響を正面から受けた典型として、村の急激な変容を確認できる好事例である。地主小作分解が進み、農家経営は典型的な過小農経営で、当然小作料の重課に喘ぐ小作農が分厚く堆積する構造を持っていた。田井城部落の例をみると、所有労働量の有効利用が可能な農業経営規模ではないために、大量の余剰労働力を抱え、一方で小作料の重荷に苦しむなかで、眼の前に広がる都市の労働機会に多くの労働力が流出していくのは必然の結果であった。また、大阪市に近接している地の利を求めて、村外から大量の流入人口があったことは前二事例と共通する近郊農村の特徴であった。

他出労働者の数は少なかったが、しかし村内の農家戸数、農業人口は減り、耕地面積も減少の一途をたどっていたのである。何故ならば、この村には、まさに大阪市の都市的発展の一部がそのまま持ち込まれたかのように、小規模工場立地が相次ぎ、会社四、工場二六が次々建設され、それにともなった関連施設などもできて、村内で農業以外の就労機会が急速に成立し、そこに多くの労働者が集まる現象が起きていたのである。さらに、村内農業者だけでなく、近隣農村からもこの就労機会を目指して労働者が集まり、五五〇町近くの耕作地を有し、また生駒山麓に広がる広大な果樹園を持った農村でありながら、その一角を占める工場地帯のために、まさに小大阪的な労働市場が展開することになったのである。これもまた、広い意味での都市化の一現象であり、こういった側面を含めて、都市の発展と農村・農業の問題は、さらに検討されなければならないであろう。このような事例を含めた多様な都市化が、大都市周辺では見出され、それらをも視野におさめた、都市の資本主義発展と農村の関係をさらに検討することが今後の課題である。

第三章　第一次世界大戦期の資本主義発展と農村の動揺

はじめに

名古屋駅を南東に下り、熱田を過ぎてしばらく行った緑区の住宅密集地の只中に、その小さな公園はあったように思う。名鉄本線を降りたって、地図を頼りに少し小高い丘を登る感じでそこを訪れたのは、もう随分前のことである。そんな風であるから、そこが元鳴海町の字石掘山という場所であることも後から知ったぐらいであったが、その一隅に目指す銅像はひっそりと佇んでいた。第一次世界大戦の頃の経済発展を機に、その影響を受けた農村では各地で小作争議が頻発した。ここ名古屋市郊外でも当時勇名を馳せた大争議が起こったが、そのなかで後世にまで名を留め、銅像までも建てられた人物がいた。法学博士で弁護士であった雉本朗造である。この時まで続けられていたかどうかわからないが、像が立てられてから、毎年、ささやかながらこの地で慰霊祭が行われていたそうである。

しかし、筆者が訪れた時は、ひしめくように立ち並んだ住宅の合い間の、わずかな空間の中に、その像は静かに佇立していた。それを目指して探し歩いていなければ、おそらく見落としてしまうであろうと思えるほど、周囲の景観に埋もれてしまう存在であった。この像は、雉本博士が不慮の死を遂げてから、争議関係者の手によってすぐに製作が進められたそうであるが、できあがっても、像として立てることに許可が下りず、七年間も包まれたまま倉庫に置かれていたという。ここ鳴海町だけでなく、県下あちこちで小作争議が起こっていた大正期のことで、当局は、それらのシンボルとしてこの像が注目を集めることを避けたかったようである。仲間の法学者や薫陶を受けた弁護士たちが結束して運動した結果、一九二九年になりようやく、石堀山から鳴海町の人々を見渡すように、この地に建てられたということである。(1)

名古屋から熱田、そしてこの鳴海町界隈までの距離感を確認しながら、第一次世界大戦後の名古屋の経済発展と急激な都市化の進展を頭に描きつつ、その影響を直接受けながら、農業経営を持続していたこの地域の在り様を思い浮かべ、そこで顕在化した矛盾の態様と、その渦中で大きな役割を果たした雉本博士に思いを致し、銅像を仰ぎみながら、その実態解明に向けての意欲をさらに強くしたのである。

第一次世界大戦期・後の空前の好景気のなかで、日本資本主義は未曽有の経済発展を遂げた。明治末、日清・日露の戦間期に、経済体制としての日本資本主義は確立したが、先進諸国に比してそれはまだまだ脆弱なものであった。それが、欧州を主舞台として繰り広げられた第一次世界大戦の戦時利得を、戦禍にまみえることなく取得できた日本は、飛躍的な経済発展を遂げ、アジアで唯一の資本主義国としての内実を整えていった。その後、すぐさま戦後恐慌に襲われ、以後も金融恐慌、昭和恐慌の荒波を被り、決して順風満帆の航海ではなかった日本資本主義は、それ故に、戦時経済にその脱出の道を弄る誤った航路をたどることになるのであるが、それはまだ後年のことで、少なくとも、この第一次世界大戦中及び直後は、未だかつてない好景気で、日本の資本主義は著しい経済発展を遂げたのである。

それは、これまでの近代化過程で、農業国としての産業構造を払拭できないでいた経済体制を、一挙に工業国として体質転換を遂げる契機となり、資本主義経済の発展が都市の発展と結びつき、四大都市をはじめ、主として県庁所在地をはじめとする日本各地の中小都市の都市的発展を促すことになった。そして、それはまた一方で、農業と工業の産業間の格差を、後者の伸びが前者を圧倒する形で決定的とし、そこにおける利益収取の懸隔が、産業構造としてだけでなく、その担い手の所得格差の形で顕在化し、そこに起因する社会変動を歴史の表舞台に現出させることになった。(2) 本章では、その実例を、名古屋市周辺農村の小作争議を事例として検証してみたい。(3) そこで、以上示したような、第一次世界大戦期の経済変動の様相を、対象地域に引きつけて特徴づけておこう。

第一節　名古屋市の経済発展と地主・小作関係

一　対象地、鳴海町と地主小作関係

ここで対象地とする鳴海町は名古屋市に隣接し、この時期の都市拡大の波を直接被った農村であった[4]。

鳴海町は、一六世紀末―一七世紀初めの慶長年間に、東海道が整備されるなかで、宿駅が置かれることになって発展したといわれている[5]。東海道を見下ろす小高い丘陵地に以前から住んでいた人々が、街道沿いに移住し、そこに近隣から多くの人々が集まって来て、宿場町が形成されたという[6]。明治維新以前は、街道沿いには宿屋と旅人相手の商家が建ち並び、その裏に、馬方人足や駕籠かきの人々が住まうような構造で、そういった人々が本職の合い間に数反の農地を耕していたというのが実情で、純農家は、街道の町場から離れたところに散在していた。

近代に入って宿場町としての鳴海の機能は大きく変化した。大名の参勤交代はなくなり、宿駅制も廃されたので、それまでの街の賑わいはすっかり失われ、これといった産業もなかった鳴海からは次第に人々が遠のいていった。そういったなかで、周辺農村で、土地を借りて農耕に従事する人々が少しずつ増えていったのが明治二〇年ぐらいからで、賃小作による耕地の需要が増していったといわれている。そのため、土地を貸し、そこからの小作料収入のみで生活を立て、農耕に携わらない地主も増えていった。こういった不耕作地主と小作人との間に明確な経済的格差が生まれ、また利害対立が明瞭となっていったのもほぼこの時期からで、それらは溝が埋まる方向ではなく、格差が拡大する形で大正期に向かっていくこととなった。

その一方で、第一次世界大戦によりもたらされた空前の好景気は、名古屋を一躍活気づけ、周辺農村も巻き込んで工業化の波が吹き荒れた。その折に、名古屋電気鉄道が、熱田から有松まで延びて来て、沿線住民の移動手段が確保

された。このため、名古屋に次々とでき上がっていった大工場に向かって、鉄道周辺の農村から大量の人々が工場労働者として通勤を始めることとなり、農家の人手が瞬く間に失われていった。

二　争議に向けた動きと地主の結集

鳴海町における地主小作関係の悪化は、このような周辺事情を背景に表面化した。一九一七年は秋の長雨で不作の年であった。そのため、二割五分の減免要求が小作人から出され、これを地主側が受け入れず、一部地主が小作料滞納を理由に小作人を掟米請求で区裁判所に訴えたことによって紛議となった。結果的には裁判とはならず、判事の勧告で小作人が掟米を納入することで一端はおさまった(7)。

しかし、小作側はこの決着を不服として、大挙して地主宅に押し掛けるなどの示威行動を続け、三割減に要求を増やしたり、小作地前面返還をいい立てるなど強硬な姿勢を崩さなかった。そのため、紛争は翌年まで継続され、四月になりようやく、地主側が二割五分減免を承認することで決着をみた。自然発生的な様相を多分に呈していたこの年の争いでは、小作側が緩やかではあるが、全体で結束し、足並みを揃えていたのに対して、地主側は横の連携を取らず、個別に対応していたために、そのことが結果に反映したともいえる。

翌一九一八年は米騒動の年で、八月、名古屋で起きた騒動に加わった人々が町にも押し寄せる形で鳴海町にも波及してきた。その波に町の人々も加わり、米屋や地主宅を襲い家屋損壊の被害を出したのである。その結果、町の人では十数人が検挙、起訴された。前年の係争の経験があるため、小地主を先頭に動揺が走り、米騒動以前から出されていた掟米減額の要求に応じる形で、例年よりも多い、二割七分五厘程の引き方を多くの地主が承認することとなった。

鳴海町はこのような状況であったが、隣村の笠寺村本星崎では、小作人側の二割五分引きの減免要求に、地主側が一割五分で対抗し、裁判所の仲裁に持ち込まれた結果、小作側有利の条件で決済することとなった。すなわち、小作料の二割は、今後豊作の年に三か年の分納で納め、さらに五分は、実勢米価より格安の金納で良いとの裁定で、これは小作側にとって要求以上に有利な条件であった。この結果、地主が裁判に訴えることを恐れていた小作側が、むしろ訴訟に持ち込むことを得策と考えるようになり、掟米減額を要求する小作人側の裁判に対する認識を大きく変えることになった。そしてそのことは、以後、小作人側の結束をより強めていくことに繋がっていったのである。

実際に、翌一九年も平年作であったが、小作人側は団結を強め、総じて三～四割の減額を求めて地主側と相対する姿勢を示した。鳴海町及びその周辺の小作人組合の数も増え、そこに集結する小作人の数も相当増えていったといわれている。前年の本星崎の成果が影響していたことは間違いないであろう。

このような小作人側の結束強化に対抗し、地主側も横の連携を強めることになった。鳴海町の有志三〇人ほどが集まり、「尚農会」と称する地主団体を結成した。一九一九年のことである。「善良ナル小作人ヲ保護奨励スルコト」(8)を第一の目標に掲げたこの会は、農事奨励等を掲げながらも「地主、小作人間ノ紛擾ヲ調停スルコト」を明記していたように、その目的ははっきりしていた。会員外で、所有地価七万円以上の村外地主、下郷次郎、八万六、〇〇〇円以上の塚本孫兵衛などの名前もみえていたが、中心は、地価一万八、〇〇〇余円の野村三郎、一万六、〇〇〇余円の加藤徹三、一万三、〇〇〇円近くの寺島彦一郎などの在村の大地主で、そのもとに中小地主が結集した形であった。

この会結成とともに、先ずは弁護士を立て、前年から小作米の不納を続けている数人の小作人に対して、掟米請求訴訟を名古屋地区裁判所に提起することから行動を開始したのである。

そして、同会に結集した地主たちは、小作米未納の小作人がいる場合、その完納を催告するとともに、賃貸借契約解除の内容証明郵便を送達するといった強硬手段に打って出た。このため、地主小作関係は一挙に緊張状態を加速することになったのである。もとより、このような地主側の対応を引き出したのは、小作側の攻勢的姿勢であったことは明らかなので、米騒動前後の小作層を中心とした農民側の動きが、両者の対抗姿勢を顕在化させたことは間違いなき差しならない状況ができ上がっていったのである。そして、この様相が、地主小作双方で、より組織的に、行動的要素を加えていくことによって、争議に向けた抜い。

三　耕地整理組合の設置と事業の開始

地主側はこのような情勢に対して、小作側との融和策として耕地整理事業への取り組みを提起した。先の尚農会にしても、農事改良などを主目的としつつも、地主小作間の融和を図ることが目的であったわけで、その意味では、あの手この手の懐柔策で小作人側の軟化を図り、何とか安定した地主小作関係を取り戻そうと試行錯誤を繰り返していたともいえる。もとより、これらは地主側の慰撫策であり、高揚する小作人側のエネルギーを少しでも削ぎ、沈静化させることを目指した弥縫策に過ぎなかった。それでも、これらを提起し積極的に推進しようとしたのが、先の加藤徹三、一万円余の下郷竹三郎、八、〇〇〇円以上の下郷誠一といった、村内でも上位の大地主たちであったことを考えると、土地所有のヒエラルキーに沿った地主層の結束の下に、全体の合意形成を背景に小作人対策が実行されていたことがわかる。第一次世界大戦期以降の両者の予断を許さぬ緊張関係が良く示されているといえよう。

実際に鳴海町の農業生産を取り巻く環境は決して良好なものとはいえず、小作人を含めた耕作者の側からも、改善の訴えは以前から出されていた。特に水路の整備が遅れており、そのため排水が悪く、二毛作を難しくしていた。また、道路の整備も行き届いておらず、そのため農作業が不効率となり、生産に支障を来していたのである(9)。そこで最も水路整備が遅れている町の西部の一二〇町歩を区画整理し、水路、道路を整備することで長年の懸案を解決しようと計画が立てられた。もとより、それをこの時期に実行に移すことが、小作争議対策としても有効であるとの見通しを持ったからである。

当初、小作人たちも耕地整理には賛同していたので、実施に向けての動きは順調に進んでいった。県農務課の係官が来村し、村役場で説明会や準備委員会が開かれ準備が始まったのは、一九二〇年に入ってからであった。必要な事務手続きなどが迅速に進められるなかで、その年の内に耕地整理組合が設立され、事業計画が立てられていった。組合の設立総会では、一九二〇年度の収穫後、そして翌年度の耕作前の二月～五月の間に、全体一〇〇町歩中の二〇町歩を第一期工事として進めることが決まっていった。そして実際、翌二一年二月から整理事業は始まり、三月末には計画の約七割近くが完成した[10]。

この耕地整理の進捗によって、これまで種々の形状で散在していた田圃が、一枚一反歩に揃えられた形で整理されていくわけなので、当然、田面の形状も変わり、これまでの入り組んだ耕作地の関係が不分明になるところが出て来る。当然、耕作者に対しては一筆ごとの測量により、それまでの耕作反別が正確に割り出され、それに見合った代替地が、一時的な場合も含め支給され、数字のうえでは従来の耕作と異動がないよう慎重に準備が進められた。小作人に対しては、代替の耕作地が「換地」として配分されることになった。

この手続きを踏んでいく際に、換地の地番やその耕作の権利を証明する証書の取り交わしが行われる段になって問題が生じた。前年以来係争中であったこともあり、この手続きは、耕地整理組合と小作人組合の間で行われたが、その証書に当たるものが、賃貸借契約書であったために、すでに訴訟問題になっている係争地に関して、耕地整理を表向きの理由にして、小作人に賃貸借契約を締結させんとしているということで、紛争が再燃することになったのである。

第二節　鳴海町争議の発生

一　小作争議の発生

賃貸借契約書の問題をきっかけに再燃した地主小作間の紛議は、耕地整理事業の進め方そのものも争点として浮き彫りにした。すなわち、小作人組合側は、この耕地整理事業によって、区画整理が行われるなかで、以前の畦畔が改廃されると田圃の区分けが不分明となり、耕作区域がわからなくなってしまうので、畔はそのまま残すことを要求した。これに対して、耕地整理組合及びそれを進めようとしていた地主側は、道水路整備をしても、畔を変えないのでは、耕地整理が意味をなさないとして、小作人側の求めに応じなかった。このため、両者の対立は深まり、四月に入ったところで、小作人組合側は、整理組合のある町役場二階に押し掛け、退去せず居座り続けた。その数、百数十人に及んだという。夜半になって熱田警察署から警官十数人が出動し、組合の人々もやっと撤収したという顛末であった。

しかし、この事件だけでは対立はおさまらなかった。五日後、小作人組合の人々は、赤い鉢巻きをして、ラッパを鳴らし、旗を翳して、耕地整理の工事が進められている現場に押し寄せた。指導者らしい人が数人いたようであるが、そこに結集した多数の人々は、工事を妨害し進行を妨げるとともに、係争となった旧畔の区域に入って、いっせいに耕作を始めたのである。

耕地整理組合は、工事が継続できないので県に連絡をとった。県農務課から係官が来村し、組合側の人々に説得を試みたが、そこを退く気配は見えなかった。そこで、連絡を受けた熱田警察署は、署長自らが出向き、同様に説得を繰り返し、工事を妨げることは犯罪に当たることを通告したが、組合側の強硬姿勢は崩れなかった。この膠着状態に対して、県は内務部長名で耕地整理の工事を一時中断することを命じ、小作人組合側にも、工事を中断したので係争地から退くことを勧告した。

このような状態が続き、耕地整理の進捗が阻まれることに対して、耕地整理組合の側は、連日県庁に赴き、陳情を繰り返したが、一向に解決の方向がみえないので、主だった地主のなかで若手の三人が上京し、隣村鳴尾出身の阪本釤之助を頼った。日本赤十字社の副社長であった阪本は当時貴族院議員でもあり、もともと地主側に立つ人物であった。そこで出身地との関係もあり、要路への仲介の労を願ったのである。事情を聞き、先行きを憂えた阪本は尽力し、農商務省、内務省に渡りをつけ、三人は三日間、関係者を巡り歩いて陳情を繰り返した。省の大臣、次官、局長、課長と回り尽くす旺盛な活動だったようである。その際に、農商務省耕地整理課長から次の様な発言があった。すなわち、「小作人対地主関係は幕政時代には土地は国有で、藩主は恩賞として預り、地主は地上権或は占有権を持ち、小作人は之を耕作して居った。明治維新に旧藩主は藩籍を返上されたが、藩主の恩賞と違い、地主は金銭をもって購ったもので、私有財産に相当する故地租改正に伴って地券証を獲得し、地主の土地所有権は確立した。この地主と小作人の関係は全く賃貸借であって、稀有例外を除き永小作権はない。地主と小作人の間は恰も親子の様な親しい間柄で旧藩時代から続いたのである」との説明がなされた。つまり、明治維新に旧藩主は藩籍を返上されたが、藩主の恩賞と違い、地主は金銭を持って購ったもので、私有財産に相当する故地租改正にともなって地券証を獲得し、地主の土地所有権は確立した。この地主と小作人の関係は全く賃貸借であって、稀有例外を除き永小作権はない。地主と小作人の間は恰も親子の様な親しい間柄で旧藩時代から続いたのである[11]。

このように、先ず旧幕時代の地主小作関係から説き起こし、近代に入ってからそこは賃貸借関係に大きな変化が生じたため、小作人側が主張する永小作権というものは存在しないことを強調するのである。

阪本釤之助の主張はさらに以下のように続き、地主側擁護の姿勢が浮き彫りにされる。

> 近頃此の温い情誼が踏みにじられ。或は小作側は多数の集団を以って要求の貫徹を図ったり、或は地主側の協議場を取囲み威嚇或は警察、役場等を襲ひ、地主を袋叩きにする等の事がある。就中岐阜、愛知両県下は事態が甚だ険悪で、それが豊凶に拘らず、小作側は党を組み、法外の減免を要求し、掟米を不納するので、已むなく地主側は掟米請求の訴訟をするが裁判は容易に解決を下さないので地主は全く窮乏生活に陥る有様である。

小作側の要求行動の無法さを強調し、そのことにより地主が窮迫しているとまで主張するのである。そのうえで、鳴海争議を念頭に置いていることをうかがわせる指摘が続く。すなわち「某大学の教授などが其の郷里に出入りをして、小作人側に声援を与え、大いに地主側を困らせて居ると云ふ様な事も耳にするのである」として、雉本朗造の鳴海争議への関わりに触れていたのである。先の加藤徹三らの陳情から数か月、阪本釤之助のこの演説の背景に、鳴海争議のこれまでの経緯、その後の成り行きが、大きく影響していたことは間違いない。

阪本釤之助は、愛知県の争議状況を具体例として取り上げ、小作争議で返還された土地は六九町三反、関係小作人数が二四五戸であったことを示し、小作問題がすなわち食糧問題であることを強調し、その対策が講じられるべきことが強調される。演説は以下のように続けられる。

労働争議とは異ひ、小作争議では収穫後田地を返上、掟米は未納にし、翌春には夫れを植付けし又収穫しても掟米を完納しない有様で、一概に工業労働者並に農民を保護すると云ふ考えには注意が要る。其の国家に及ぼす影響は農民の場合は取り返しがつかない。

そして、当時の小作法草案を俎上に乗せ、政府は、小作人保護政策をとろうとしているが、その目的が「表面小作人を啓蒙善導する趣旨でも裏を返せば地主に抗争する力を強大にするものであるから」、その結果地主は土地を手放してしまったり、あるいは耕地が荒れて減収を来したり、最終的には食糧問題に行き着いてしまうと結論づけるのである。この論の運び方も含め、阪本釤之助の演説は、当時の地主小作関係の在り方に対する、そして、小作法草案に示された当時の政府のこの問題に対する姿勢について、地主側が主張したかった要素がほぼ漏らさず盛り込まれていたといえよう。

三　雉本朗造とその役割

阪本釤之助が地主側の代表格とすると、終始一貫して小作人側に立って主張を展開したのが、冒頭に記した法学博士で弁護士の雉本朗造であった。

阪本、雉本は両者とも家系の流れをたどると、永井家の分かれになるので、鳴海争議に関しては、一つの家系から分かれた二人が、地主、小作双方の立場に立って相対したことになるのである。

その永井家のそもそもの出自は、第一三代足利義輝に仕えた武将であったといわれているが、義輝が松永久秀によって倒された後は信長に従い、三河国碧海郡辺りに領地を賜り住み着いたと考えられている。その後、本能寺の変で信長が倒されると秀吉に仕え、三五〇石の禄を食んでいたと伝えられている。当時の名前を石田又助といったが、後に改名して永井新右衛門を名乗った。醸造業で財を成した雉本家が永井家から分かれて家名をそのようにした経緯には、次のようなエピソードがあったと伝えられている。明治以前の時代の話であるが、良酒の醸造が叶うように、大高村氷上姉子神社に祈願したところ、白い雉が醸造場に舞い込む夢を見、これぞ神のご加護と考え、酒銘を「白雉」と名づけるとともに、家名も「雉本」に改めたという[12]。

この雉本家を継いだ小右衛門は、明治初めに、逝去し長男も夭逝していたので、次男兼吉が家名を継いだ。小右衛門には五男三女があったが、その末の娘ひろが朗造の母となるのである。近世を通じて醸造業で財を築いた雉本家であったが、明治維新以後、東海道の宿駅制度もなくなり、鳴海の酒も灘の酒に圧され気味で、東京向けの販路が失われていった。このため、代々の醸造業も続けることができず廃業、家産も失われ、一家は、かつての醸造場の一隅に小さな家屋を立て逼塞した生活を送ることとなった。その後、兼吉一家は名古屋市内に移り住み、骨董屋のような商売をしていたというが、妻とは離縁、兼吉が一八九八（明治三三）年に没すると、ここで絶家ということになったのである。

この間、末娘のひろが朗造と弟を出産するのであるが、その父親については定かではなく、私生児として戸籍登録されている。正式な結婚をせずに設けた子どもたちであったようである。その後、この母は他家に嫁し、早逝したため、朗造は弟と共に祖母に育てられることになり、裁縫や機織りなどの賃仕事で生計を立てる厳しい生活を強いられることになった。祖母は、そのような境涯であることを意識してか、朗造兄弟へのしつけ、教育は殊更厳しかったが、幼い兄弟もその意を良く汲み取り、祖母に余計な心労をかけないよう勉学に励んだという。朗造は五歳で百人一首をすべて諳んじ、また算数にも強かったので、周囲を驚嘆させたとの逸話も残っている。その後、朗造は進学を続け、一八九九（明治三二）年、東京帝国大学に入学。法科にあってドイツ法を学び、四年後、恩賜の銀時計を受ける優良な成績で同大学を卒業した。弟の孔仁は、京都の曹洞宗地蔵院に入山し、仏門にあって生涯を閉じた。朗造とは常に行き来を重ね、生涯親密な交際が続いたという。

一九〇三（明治三六）年、帝国大学卒業、その年、司法官試補を命ぜられるとともに、京都帝国大学講師に就任した。翌年助教授になるとともに、ドイツ留学。プロイセンのゲッティンゲン大学法科に入学。その後ザクセンのライプチッヒ大学に移り、修学証書を得て退学後、イギリス、フランス、イタリア、オーストリア、バルカン諸国を巡り一九〇八（明治四一）年帰国、京都帝国大学助教授に復職し、同じ年、臨時台湾旧慣調査会委員を命ぜられた。この台湾における土地調査の経験が、雉本朗造の土地所有権に関する紛議への対し方に大きな影響を与えることになったが、その点については、次の項で触れることにしよう。

先に述べたような経緯で鳴海町小作争議が闘われていた渦中に、雉本朗造弁護士が登場するのであるが、その現れ方は、恰も自らそこに飛び込んで来たかのような趣があった。当時の関係者でもあった尚農会員の下郷百松の法廷証言に耳を傾けてみたい。なお、この下郷百松は、地価三、〇〇〇円余所有の中位以下の地主であった。

本件訴訟が提起されて、明日が第一回の公判という日に、年来懇意の雉本博士が東京より帰りがけに鳴海に立ち寄られまして、僕が出身地の此の地方にこんな争いが起きるのは好ましくなく、一般この地方の不利益でもあるから、地主側と小作人側に会い、何とか話がしてみたいから、君一つその場所と機会を作って貰い度いと申されますので、証人（下郷百松のこと…著者注）もそれは結構だと言ふ訳で、幸ひ今日は地主側の人が集まって居るといふことだから其処へ行って話をして見られたら好からうと申しますと、私一人で左様な事は出来ぬ故、町長が居られたら個人の資格で来て貰って話さうと申されたので、町長下郷竹三郎に個人の資格で来て貰ひ、博士から町長に話がありました処、町長も博士に君一つ行って地主側の人に話をしてみてはどうか、余り遠くない所だと申されましたので、博士は証人に一応君から行って話をしてみて呉れと申され、当時証人も参りまして話を致しましたが纏まりませんでした。(13)

このように、雉本朗造は、地主側の人々との接触を図り、まずは話す機会を設定しようとしていたことがうかがえる。これは、後に述べるように、すでに小作人側と接点を持ったうえでの行動であった。雉本としては、ともかく、地主小作間の対立を公判の場に持ち込むことを回避しようと考えていたのかも知れない。実際、地主側の応諾が得られなかった後、雉本は「夫れでは明日第一回の公判丈でも、延期して貰えば都合がよい」とも告げて、説得しようとしていたのである。裁判以前に何とか間に入って仲介斡旋することにより、和解に向けた方向性を作ろうとしていたようである。

しかし、この経過のように地主側とそのような接点を持つことはできなかった。先に触れたように、雉本朗造は、これ以前に小作人側から相談を受けており、無条件で争議への支援を依頼する旨の要請を受けていた。そのうえで、地主側からも一任を取りつけられれば、一定の条件で落ち着かせる自信と目算があったのかも知れない。地主側の頑なな姿勢が、その可能性も摘み取ってしまったといえる。

下郷百松宅を訪れ、先のような説得を行ったのが四月一二日であったが、その後の雉本朗造の行動は素早かった。翌々日の一四日夜には、多数の小作人を集め、地主側との交渉の様子などを報告していた。荒井の西来寺に集まった大勢の小作人たちに向かって雉本は、事の顛末を語ったうえで、永小作権の意味などを解説、小作人側の要請に応え、支援する姿勢を明らかにしたのである。その後、京都に戻ったが、雉本の教えを受けた弁護士らを派遣し、その指導のもとで、訴訟を含め全面的に支援する姿勢を明らかにし、本格的に争議に向かう態勢を整えることに力を尽くしたのである。

第三節　鳴海町争議、和解への道

一　雉本朗造の立論―小作人側の主張

雉本朗造の指示で鳴海町を訪れた弁護士たちは、争議状況を実見し、またその経緯を検討したうえで、この年（一九二三年（大正一二年））の六月、地主側の訴えに対する反訴状を提起した。永小作権の確認とその登記、小作料の減免慣行の重視、小作料納入期の限定などを内容としたその反訴には、雉本の小作権についての考え方が明確に投影されていた。

明治維新の際に、税の徴収を簡便にするためもあって、地券を発行し地主に与えた。しかし、これは法の運用の誤りであって、「土地に対し何の資金的或は労力的の付加をせずに」[14]小作料を収取する者、すなわち今の地主よりも、「開拓以来労力と肥料とを土地に加へ地味を向上させて来た小作人こそ、地券を獲得すべきもので」、地主は、「其他よりの収穫の若干割を掟米として収得すれば足りるのである」。

雉本朗造のこの考えの基礎には、台湾での旧慣調査の経験があった。「台湾土地調査に於ては、此の方法が実現されている」ことが強調されていたのである。台湾では日本の小作人に当たる耕作者に土地所有権を認め、地主に当たる人々には収穫の一部を収得する物権を認めるという方法を取ったのであるが、雉本は「これが本然の在り方であるとの確信を持っていた」ようで、鳴海町争議においてもこの原理を適用しようと考えていたのである。

つまり、日本でも、耕地となった土地の開発の沿革をていねいにたどり、その調査を基礎にして、地券証を発行すべきであったのに、新政府は徴税の便を最優先にして、この点を疎かにした点に重大な瑕疵があったとの指摘である。すなわち、「本来の土地に尽くし、又以後も尽くすべき主体性のある小作人を無視した処置は大いなる誤りである」と断じたのである。

これに次いで、永小作権についても、これは旧幕時代から続いている「耕作上の実権であって」、永代存続すべきもので、小作証書に記されているような「期間を定めた賃貸借」といったような「力弱い権利ではない」ことを強く主張していた。そして、「だから地主の持つ収穫分収権こそは、永小作者に於て相当の有価をもって、その消滅を請求する事が出来る」ことになるとも強調していたのである。

これらによって、小作料収取と小作権をめぐる地主小作間の対立の争点が明確になり、またその一つ一つについての小作人側の主張の論点も明らかとなった。そして、それはまた、両者全面対立の構図を明瞭にすることでもあった。

二　地主側の強硬姿勢―共同耕作の実施

この年四月にこのような形で地主小作の主張が平行線をたどるなかで、地主側は加古組が四囲を見張るなか、耕地整理工事を継続するとともに、耕作についても新たな手立てを講じた。すなわち、小作人組合側は、当時の争議戦術として、小作地返還を申し立て、耕作放棄によって抵抗したのに対して、地主側は、村外からの労働力を投入して共同耕作に踏み切り、何とか収穫に漕ぎつけようとしたのである。

小作人組合は、一つ目に旧幕以来の慣行によって維持された小作権を侵害し、耕作を妨害せざること。二つ目に、耕作に要した諸費用等を差し引き、残余の収穫物を地主小作双方で折半するための方策を協議する機会を早急に設けること。そして、三つ目として、耕地整理組合の設立は不当で、その後の同組合の処置も適法ではないので、同組合の解散に同意すべきことの三点を掲げた要望書を提出した。

この小作人組合の強硬な姿勢に対して、尚農会に非加入の村外の大地主、下郷次郎八と、他の三、四人の小地主、あるいは寺院などがこれに応ずる返書を小作側に手交した。すなわち「一項目　掟米小作人は従前の通り変り無之こと　二項目　協議致す事　三項目　充分尽力可致事　右之通りに候也」との内容で、全面的に小作人側の要求を受け入れるものであった。村の外の不在地主で大土地所有の下郷次郎八が、下郷百松など尚農会員も含み込みながら、多くは四、五反所有の地主または自作兼小地主と、その他の寺院などを纏めながら、事態収拾に乗り出していたのかも知れない。

しかし、尚農会に属する大部分の地主はこの要求書に同意しなかった。これに対して、小作人組合側は、これら地主の所有地で耕地整理組合地域内の田は返還することを決したのである。その面積は、約六二町歩に上った。そこで耕地整理組合は、「試作部」という新たな部署を設け、第一期工事が済んだこれらの田は、そこで耕作することを決した。つまり、地主側はこれらを共同耕作する方針を固めたのである。(15)

その際、鳴海町の係争地のなかに苗代を作ると、小作人組合側から妨害される恐れがあると考えた地主側は、こういった事態も想定して、あらかじめ知多郡大高町の地主と連絡を取り合い、約二〇町歩分の苗代田を準備していた。そして、共同耕作分の苗代はそれでは足りないので買い入れることとし、県郡農会を通じてその手配を行っていた。

共同耕作のための人手は、伝手を頼って知多郡大府町、緒川村周辺から手耕の人足を調達し、また、賃雇いの人夫を募集により集め、何とか労働力を確保したうえで、五月から耕作を開始し、七月には植えつけを終わらせることができた。先の「試作部」が手がけた植えつけ地、すなわちI期分工事が完了した耕作地面積は、一九町七反一二歩、工事未完了で共同耕作により植えつけを行った面積は、四三町九反三畝二九歩であった。それに対して「草生の儘放置したもの」、つまり未耕作地は五町四反歩であったから、地主側の強硬路線は一応貫かれたといって良いであろう。

ただし、耕地整理完了部分は牛耕で、一番起が反当三円、二番起が二円二〇銭、さらに均しに一円五〇銭が必要であった。その他は未整理田であったので、人耕で、男は一日二円五〇銭、女は二円以内ということで、田打ちから挿秧までに必要な人手を賄う必要があった。そして、これは以後の除草、刈取、脱穀、調整について、すべて必要人員を相応の日当で村外から雇い入れることで手当てしていったのである。そして、この年は稲の開花期、結実期に雨が多く、九月には台風も襲来して被害を受けたため、減収を来し、反当収量は一石三斗二升というものであった。それに加えて、売却が遅れ米価が下落してしまったために、一俵平均九円二六銭という安値になってしまった。結果的に、「植付遅延、及天災に依る収穫減、人夫賃金高騰、米価下落、借入金利息支払等で欠損となった」のである。共同耕作の最終的な収支勘定は、収入総額が一万六、五一八円三銭であったのに対して、支出総額は、三万三九七円三一銭で、欠損額は、一万三、八七九円二八銭という惨憺たる結果であった。

自然災害による収穫減があったとはいえ、やはり費消された人件費が収支の均衡を損なっていたのは明らかで、雇人や人夫賃が嵩むなかで大きな欠損を出してしまったといえる。この共同耕作は、次年度も継続されたが、その収支勘定はほぼ同様の結果で、やはり一万円近い欠損を出す結果となったのである。地主側の強硬姿勢は貫かれたが、それは決して収支相償うものではなかったのである。

三　和解への動き

尚農会に結集した地主の多くが、このような形で小作人組合側との対峙姿勢を崩さないなかで、先に見たように、そこに加入しなかった下郷次郎八らを中心とした小地主たちは、異なった働きかけを行っていた。すなわち、先の回答書に沿ってさらに踏み込んだ契約を小作人側と取り交わそうとしていたのである。下記のような内容であった。

契約書
第一条　地主及ビ小作ハ土地ニ対スル、地主ノ権ト小作人ノ掟米小作権ヲ相互ニ尊重スルコト
第二条　地主ハ従前ヨリ小作ヲナシタルモノニ対シ、将来永ク小作ヲ為サシムルモノトス
第三条　地主及小作人ハ相互ニ農事改良ヲ促進スルタメ、掟米制度ヲ左ノ如ク協定改良ス(16)

そして、三条にはさらに細かい規則が盛られ、そこには、毎年の小作料について「地主小作人惣代立会ノ上各字ニテ誠実ニ坪刈ヲ行ヒ之ヲ定」めることなどが明記されていた。また、土地収用がある場合は、地主は小作人にその時の土地価格で支払いを行うこと。あるいは、地主に変更があった場合、旧地主は新地主に対して、この契約を必ず履行させるよう誓約させることなどが掲げられていた。

この後、鳴海町小作争議については、県知事、内務部長、区裁判所監督判事、熱田警察署、県農会、あるいは寺院の住職などが入れ替わり仲裁、和解勧告に赴いたが、その際、この下郷次郎八らの提起した契約書は和解案の下拵えとして重要な役割を果たした。実際に、下郷次郎八らの小地主は、この契約書を小作人と取り交わし、その内容通り

に双方立ち合いの下に坪刈を行い、小作料を決定していた。尚農会に集まった強硬地主たちが、共同耕作により毎年多額の欠損を出していたこともあって、各方面からの仲介斡旋も次第に功を奏し、この下郷次郎八らの契約書を土台にした調停案を受け入れる動きが、地主、小作双方に現われ、一九二三年、正式に両者の和解が成立することとなった。その年の一〇月には、収穫を前に、双方から代表が出て坪刈を行い、これ以後も、毎年実施するために、地主小作連合の組織を作ることとなり、翌二四年、鳴海地主作人共和会が結成され、六年有余に渡った鳴海町小作争議も終結を見たのである。

第四節　小括―都市の拡大＝労働市場の展開と周辺農村

第一次世界大戦期は、日本の資本主義にとって未曽有の経済発展を遂げた時期であった。すでに、これまでも別の機会に触れたように、名古屋や大阪を典型とする都市の経済発展にそれは良く示されている。この過程を経て、いわゆる大都市の基礎ができ上がり、その結果、中小都市も含め、周辺農村と都市との関係が新たな問題として浮上するきっかけにもなったのである。

他方、日本の農業は、明治三〇年代に確立する地主制の下、独特の経済構造、社会構造に覆われていた。千町歩地主を頂点に、階層的な構造を持って分厚く堆積した地主支配は、高率小作料の重圧をともなって、多くの耕作農民に圧し掛かり、農村への緊縛を余儀なくさせる体制を形作っていた。労働力市場の観点から見ると。それは流動性を著しく制約する要素となり、農業者の市場間の移動はほぼ想定できるものではなかった。しかし、この時期の、中小都市を含めた都市的機能の充実及び都市域の拡大は、これまでにない労働市場の展開を促迫し、しかもそれは多くの場合、農業・農村から都市への流入という形で引き起こされた。名古屋市をみても、一九一七年から一〇年間で、男子労働力は約一・八倍、女子労働力は二・二倍に増加しており、それらは、ほとんど周辺農村からの流入人口であった[17]。都市における労賃水準の急上昇が、農村労働力を一挙に引き寄せ、工場へと向かわせた。それは、また他面、農業・農村からのプッシュともいえる側面を持っていた。地主制の重圧は高額の小作料を耕作農民に強いたわけであるが、それら土地を持たない小作者は、つまり土地に緊縛される必然性もなく、より有利な賃金保証が約束されれば、労働力としの移動も厭わない存在であったのである。彼我を比較考量し、生産性が低く、重労働で劣悪な労働環境、そして低賃金の農業労働を捨てて、工場の煙突を目指して移動することが容易であったのである。

しかし、ここで、新たな問題として急浮上したのは、零細作圃制の日本農業にあって、僅かな土地を所有しながら、それでは生計を維持できないために、小作経営も行わなければならない、数のうえで相当数に上る自小作層、あるいは、零細な所有地で逼迫した経営を行っている小規模自作農が、都市に誘引されつつも農村を立ち去るわけにはいかないなかで、農業経営の不採算性を身に染みて実感せざるを得なかったことである。

本章では、争議実態に多くを割いたので、最後にこの点に少し触れておこう。そもそも鳴海町で争議状況が生まれたのは、やはり名古屋の都市的発展、すなわち、当時の資本主義の経済発展が背景にあった。例えば、前述したように、愛知電気鉄道の延伸は乗降客を急増させ、一九一七年からの五年間で、乗客数で八倍、運賃で一一・一倍という途轍もない増加を記録していた。今、ここで問題としている鳴海、有松などの沿線から、それだけの働く人々が名古屋市街を目指して通勤していたのである。実際に、鳴海争議との関係でも、係争中で耕作が間々ならなくても、「欧州戦争の好景気の為に工場労務や、土木事業が盛んになったので日当かせぎで一面は却って日々の生活が楽になった人もいる」[18]といわれたように、当時の都市労働は、周辺農村に十分な現金収入をもたらしていたのである。

これも本論中に、地主側の代表格として取り上げた阪本釤之助も、国会演説のなかでこの点に触れ、「此様に（小作争議が…筆者注）愛知県に多数であることは、名古屋市中心に工業が発展し、農民が工員に転換し、収入が比較すると農業利益が非常に低い為めと相俟って、今後争議が年々増加することは事実で容易ならぬものです」[19]と、鳴海町争議の原因を的確にいい当てていた。都市の工業の発展は労働市場の展開をもたらし、必要労働を確保するために相対的に高い賃金水準が設定されることになる。一方で、農業は薄利なため、争議が発生する。それはつまり、「農民が工員に転換する」という直接的な労働力流出だけでなく、都市近郊にあって高い労賃水準を目の前にみせつけられ、それでも工員に転換できない農民が、自らの農業経営でそれに見合った利益を実現しようと要求を強めることが予想され、それ故、「今後争議が年々増加する」という、貴族院議員にとっては黙過できない将来予測が成り立ってしまうのである。農村秩序の安定を偏に願う為政者側の、そして地主側の阪本であるからこそのリアルな、的を射た現状分析になっていたといえよう。鳴海町争議の実際の経過、あるいはその渦中にあった当事者たちの発言からは、そのような実情が直接語られることはなかったが、争議の顛末のなかには、このような時代状況が映し出されていたといえよう。そして、実質的な小作料減額、すなわち、その結果、同等とはいかないまでも、都市労賃水準の上向に少しでも近づけるような農業利益の獲得が一定達成されたところで、争議が終息したことがそのことを良く示しているといえよう。

第四章　準戦時・戦時期、農業・農村問題の諸相

――農産物価格問題から労働力問題への転換

はじめに

本章では、準戦時から戦時期に移行する過程で、重化学工業化のめざましい進展と都市の肥大化が急展開することによって、農業・農村がどのような変容を来すことになったかを、総量的、総体的に把握することを試みたい[1]。このテーマについては、一九二〇年代から一九四〇年代の名古屋市、大阪市とその周辺農村について、事例的に取り上げ、その意味では個別的な検証を試みたいが[2]、本章では、その前提として、工業と農業、都市と農村といったコントラストに力点を置いて、大枠としての産業構造、都市拡大と周辺農村といった視点で、当該時期の特徴をマクロ的に明らかにしていこうと考えている。

その場合でも、特に戦時の深化の過程では、基本的視座はやはり労働市場を媒介とした労働力移動に据えられるのではないかと考えている。後に少し俯瞰してみるように、昭和恐慌期に農業・農村が抱えた問題は、地主小作関係に規定された土地所有関係を基底とし、零細小作経営に由来する明治期以降の基本課題を基軸に置きながら、特に、農産物価格の暴落という恐慌特有の現象が、その打撃をより深刻化したことにより惹起された。

一九三〇年代においても「二町未満ヲ耕作スルモノガ九〇・五％デ支配的デアリ」「然モ其ノ中農家戸数ノ六割以上ハ一町未満」[3]という経営の零細性が恐慌の打撃をより深刻にし、またその回復を著しく遅らせる主要因であったのである。

そして、その打撃克服の取り組みも、地主小作関係に手を加えるという抜本的な方策は一切取られず、そこを迂回しながら、共同体的規制で強固に築かれた農村の団体的結束に依拠しながら、財政的支援もなく、専ら自奮自営の努力によって経営・流通改善に取り組むことで果たされていった[4]。その際には、農村労働力は、都市の不況を背景とした帰農などの影響により、むしろ過剰問題として推移することになったために、問題の焦点とはならなかった。農産物価格と流通機構の問題ということで、商品市場、資本市場の在り方が課題となったのである。

その一方、事変から全面戦争へと戦局が進展をみせるなかで、農業問題の主軸は次第に労働力問題に収斂していく。その場合、兵員としての直接的な動員はもとより、戦時経済の展開のなかで、軍需産業の拡大とその部門への労働力吸引が進むなかで、農業への影響も次第に現れてくることになった。[5]それは、主として工業化が進んだ都市周辺農村においていち早く顕在化し、耕作地の工場敷地、住宅地への転換などの直接的影響とともに、次第に農業労働力の移動といった形で農業・農村に波及していったのである。[6]

ここでは、準戦時・戦時期に焦点を当てながら、恐慌克服過程の農業問題の質の変化について着目し、その移行過程の特徴を検出してみる。戦時の深化にともなう兵員や軍需関連産業への労働力集中による農業労働力の不足の問題は、それ自体としては単純な構図であり、これまでのこの時期の諸研究でも言及されて来ている。しかし、多くの場合、幾つかの指標、例えば応召兵の数の増加や、軍需工業労働者数の増加などを掲げたうえで、自明の前提として触れられる程度で、労働力移動そのものの規模と、その農業に与えた影響について本格的に論じられることは少なかった。ここでは、総量的把握に拠りながら、労働力移動の実情と、それが農工間の不均等発展にとって焦点的な問題として浮上してくる過程を検証することとする。なお、すでにこれまでも使ってきたが、時期設定のために、準戦時期、戦時期、本格的戦時期という用語で一定期間を表現するが、これはそれぞれ、一九三一年～三七年、三七年～四一年、四一年以降として措定しており、満州事変の勃発、日中戦争の全面化、アジア・太平洋戦争の開始を指標にしている。

第一節　農業生産、農産物価格の動き

一　一九三〇年代から四〇年代の推移

すでに周知のように、一九三〇年代の農業は、農業恐慌以降の農産物価格暴落と一九三四年凶作による収量減の痛手を被り、一貫して農家の所得減と負債の累増によって推移することになった。一九二〇年代、資本主義の経済発展と都市の肥大化が進むなか、生産価額において農業が工業を上回っていた構造は転換し、産業政策の方向性とも相まって、工業を基軸とする産業構成が常態化することになった。工業の生産力アップ、重化学工業化に向けた構造の高度化が進み、恐慌の打撃からのいち早い回復も加わって、この方面が著しい展開を示したのに対して、地主小作関係に強く緊縛された農業は、生産力が伸び悩み、概して停滞的であり、恐慌の影響を大きく受け、その打撃克服にも時日を要したために、この間の農工間格差は拡大の一途をたどった。それは一方における都市の肥大化と、他方における農村の疲弊という形で象徴的に表面化していった。

このようにこの時期の農業・農村は、顕著な伸びを示した資本主義経済と明瞭なコントラストを描いて、その停滞性を尚一層際立たせ、長い低迷からなかなか脱け出せなかったのである。昭和恐慌後の準戦時から戦時期に至るこの過程を、幾つかの指標で確認しておこう。

表４―１でこの時期の農業全体の総価格、米の生産量、米生産価格の推移を追ってみよう。総価格は、一九二五年から一九二九年の五年間の平均を基準とした時、三三年までに、暴落した一九三一年を底に、その前後の年で六割台、三三年以降いくぶん回復の兆しがみえるものの三四年で七割台、翌々年でやっと九割台にまで復帰し、二〇年代末を上回るのは三七年を待たねばならなかった。工業部門と比べても相当の遅れを示したこの恐慌の打撃克服が、農家経

表 4-1　農産物総価格指数及び米穀生産量、価格推移

年	農業総生産価格（単位：億）	米穀生産量及び価格	
		生産量比率	価格比率
1925 ～ 1929 の平均	36.73	100.0	100.0
1929	34.43	100.0	94.1
1930	23.46	111.9	66.3
1931	19.79	92.8	34.2
1932	23.60	106.3	73.3
1933	29.94	119.1	88.1
1934	29.06	87.2	82.1
1935	30.56	96.6	95.6
1936	35.13	113.5	110.7
1937	39.68	111.5	120.0
1938	41.29	110.8	129.0
1939	60.49	114.9	
1940	65.15	101.3	141.6
1941	59.66	91.8	157.9

注：1939 年の価格比率は数値不明。
出所：農林省経済厚生部『農業人口及農地ニ関スル資料－農業適正規模調査調整資料第二輯一』より。

済の破綻をなかなか盛り返すことができない主要因となった。「長期に亘る農産物価格低落による一般物価との鋏差、農村負担の荷重のため、農家経済の闇黒を具象化したものは、農家の負債であった」[7]といわれたように、この間、農産物の生産総量は安定的であり、米作にあっては豊作が続いたともいえるが、その多収穫がむしろ販売価格の低迷に拍車をかける結果にもなり、それがまた、前述のように長期にわたった結果、農家経済は好転のきっかけをつかめないまま、恐慌の痛手を長く引きずる結果となった。実際に表4―1で、米生産量の推移を比率で追ってみると、一九三四年など落ち込みをみせる年はあるものの、総じて基準年をそれほど下回らず、また上回る場合も多かったことがわかる。農産物全体をカバーしてはいないが、これによると、農産物の収量そのものは比較的安定していたと思われ、先の農業収益の低迷が、農産物価格の下落によるものであったことが裏づけられるの

口分布状況の変遷

小都会5万以下		中都会10万以下		大都会10万以上	
市町村数	人口	市町村数	人口	市町村数	人口
132	3,904,312	32	2,281,879	14	7,292,439
136	4,102,746	31	2,105,318	16	6,753,598
145	4.438,992	51	3,444,916	21	8,741,237
158	4,690,674	65	4,402,415	32	11,481,288
146	4,294,122	54	3,685,020	34	17,518,069

第二輯一』より作成。

である。生産物価格の長期低落が、総収入の減少をもたらし、日常の経済生活のなかではさまざまな形で負荷される公租公課額に変化はなく、また、一般物価もむしろ昂騰気味に推移した結果、相対的支出増を累年積み重ねることとなり、農家負債は雪だるま式に堆積していったのである

二　商品経済化の進展

養蚕業を皮切りに商品経済化の歩を進めた農業経営は、この時期になると、都市化の進展などによる農産物消費需要の大きな変化に影響され、花卉、果実、蔬菜などの取引が増え、さらに商品経済に巻き込まれ、その結果、「農家生活の苦楽は、作物の豊凶そのものよりも、物価の騰落によって支配せられることが大きくなった」[8]のである。「豊作貧乏」という言葉が良く使われたように、多収穫が価格下落をもたらすことも少なくなく、表4―1の米生産量と価格の推移からもそれは読み取れる。「米を一割九分増産しながら、収入は一割二分減少するといふ年」[9]、すなわち一九三三年などがその典型であった。この年は総生産価格でも二割一分の減少を来していたのである。「農産物の価格低落が一五年間に亘って農村経済を如何に破局的苦痛に導いたかは、数字によって推知するに難くない」[10]のである。

これらの結果農村に膨大な負債が蓄積され、一部の大地主を除き、地主から小作に至るまで農村全体が塗炭の苦しみを味わうことになった。この負債額については、調査方法によりその結果が区々なので、なかなか実態を正確につかめないとこ

表 4-2　階層別人

年	総数		村落 1 万以下		地方都会 2 万以下	
	市町村数	人口	市町村数	人口	市町村数	人口
1918	12,261	58,087,277	11,705	39,545,353	378	5,063,294
1920	12,224	55,963,053	11,687	37,926,931	374	5,074,460
1925	12,019	59,736,822	11,410	37,883,518	392	5,229,161
1930	11,865	64,450,005	11,184	38,157,544	426	5,718,084
1935	11,546	69,254,148	10,846	37,502,422	466	6,254,515

出所：農林省経済厚生部『農業人口及農地ニ関スル資料－農業適正規模調査調整資料

ろがあるが、農林省のある調査では、一九三二年で総額四七億円を超えると推算されていた。それが一九三五年には、自作農で九億九、〇〇〇万円余、自小作農で一一億二、〇〇〇万円余、小作農で一一億三、〇〇〇万円余となり、合計三三億円余といくぶん解消され、さらに一九四〇年には二一億円となって、この間に一二億円余りを減ずることができた。(11)経済更生計画などにより負債整理が政策的に取り組まれ、またそれに関わる法整備などの手立ても講じられ、折からの農産物価格の好調にも支えられて、農家経済が次第に好転していったことなどが、この結果につながったと考えられるが、恐慌期以来、農業問題の中心に据えられていた農家負債問題は、このようにして次第に解決が図られていったのである。(12)この恐慌克服過程と準戦時・戦時への移行は時期的に重なることになるが、その過程で、恐慌期の農業問題は、その重点を変えていくことになる。

第二節　準戦時・戦時期の農村人口・農家戸数の推移

一　人口動態の特徴

その変化を捉えるためには、恐慌期とは異なった視点から、農業・農村の実情を探ってみる必要がある。それは、次のような人口動態と関係している。恐慌及びその回復過程の農村は、基本的には過剰人口ないしは人口飽和状態にあったと考えられる。表４―２にみるように、一九二〇年代から三〇年代にかけて、総人口は増加傾向をたどり、一九一八（大正七）年から一九三五（昭和一〇）年の一七年間に約一一〇万人の増加を示していた。同じ表4―2で、その分布状況をみると、人口一万人以下の村落、すなわち農村と思しき地域では人口減少が見られ、実際に一九一八年と三五年の比較では、二〇万人余りの減少となっている。これは、人口動態全体からわかるように、都市化の進展にともなう流出の結果と考えられる。そして、一九三七年以降の戦時期及び四一年の本格的戦時期に至って、この動きはさらに著しく加速されていくことになるのである。その点は後により詳しく検討することとして、この時期の人口全体の増加傾向は、都市部での増加によってもたらされていたことが表4―2から明らかに読み取れる。とりわけ人口一〇万人以上の大都市の急成長が預かって力があったことが際立った特徴で、大都市そのものの数も一九一八年の一四から三五年の三四へと倍増以上の増え方を示していた。そこに含まれる居住人口も、七三〇万人近くから一七五〇万人余りと、これも大幅な増加を示し、新たな大都市の誕生とともに、東京、大阪などの従来からの大都市人口も増え続けていたことをうかがわせる。その一方で、人口一万人から二万人以下の地方都市も、都市数で、三七八から四六六、人口も五〇六万人余から六二五万人余へと大きく伸びをみせ、全体の人口増加の牽引力になっていたことが看て取れる。これら小都市と大都市の人口急増が、周辺農村からの人口吸収をともないながら進んでいたと考えられるのである。

二　農家戸数の動き

次に農家戸数の動向を追ってみると、一九二〇年代は概して漸増傾向をたどり、一九二一年五五六万九、〇〇〇戸余りであったものが、一九三二年には五六四万二、〇〇〇戸余りに達していた。昭和恐慌の襲来により、都市の就業機会が急速に縮小し、帰農者が増加したことの反映であろう。この年をピークに以後は漸減傾向を示し、それは日中戦争全面化以降も変わらなかった。一九三四年が五六一万七、〇〇〇戸余、三七年、五五七万四、〇〇〇戸、そして、三九年は五四九万一、〇〇〇余というように、この間一五万戸以上の減少を来していたのである。[13] 一方で、この間の耕地面積の動きはどうであったであろうか。全体として漸減傾向を示しており、一九二一年に六一六万二、〇〇〇町余りであったものが、一九三二年には一七万町余を減じ、五九九万二、〇〇〇町余まで落ち込んだ。しかし、その後はいくぶん持ち直し、一九三四年には六〇三万七、〇〇〇町余まで回復し、以後も増加傾向をたどり、三七年には六〇九万八、〇〇〇町余、三九年も六〇七万八、〇〇〇町余とほぼ横ばい状態を続け、一九二一年を基準としても、二〇年近くの間に八万四、〇〇〇町余の減少でとどまっていた。このため、農家一戸当たりの耕作面積を概観しても、一九二〇年代の約一・一町前後の水準を大きく下回ることとなく、準戦時・戦時期も推移することとなった。[14]

しかし、この動態は戦時が深化し本格的戦時期に近づくにつれ、その様相に変化が見られた。短期間の動態調査ではあるが、一九四一年前半期の耕作面積は、当時の食糧増産の掛け声の下、盛んに取り組まれた林地・原野牧野耕起や田畑への地目変換などの結果二万六、〇〇〇町余りの増加を果たしたが、一方で住宅敷地（三、九〇〇町余）、工業用地（五、六〇〇町余）、その他建物敷地（五万町余）、あるいは田畑の地目変換（八、三〇〇町余）などにより、約六万四、〇〇〇町余りの耕地が姿を消し、実質的にこのわずかな期間に約三万八、〇〇〇町余りという大幅な減少を来すことになっていたのである。[15] そして、この趨勢は、以後の本格的戦時期の農業経営の姿を象徴するものであった。

第三節　重化学工業化の進展と職工数の増加

一　都市の人口動態

一方この時期、工業発展の著しかった都市の人口動態にはどのような特徴があったであろうか。「吾国ノ農業ト工業ノ間ニハ人的資源ヲ通ジテ相互密接ナル関係ガ結バレテイル」[16] とされ、「従ッテ工業上ノ大ナル変革ガ農業ニ於ケル人的資源ノ量ト質ニ大イナル影響ヲ齎スコトハ言ウ迄モナイ」といわれたように、特に農工間の関係は労働者の動態を通じて密な関係を取り結んでいた。とりわけ、この間の時期は、工業人口（職工数）の増加が顕著で、それが両者の関係を規定していた。「明治初年以降七十年間ニ於ケル職工ノ増加ハ三百万余ト称セラレ」「ソノ間ニ急激ナル膨張ヲ遂ゲタノハ大正三年カラ同八年ニ至ル第一次世界大戦及ビ昭和六年ノ満州事変以降今事変ニ到ルニツノ時期デアル」といわれたように、資本主義が急激な経済発展を示した第一次世界大戦期と、一九三一年から三七年の日中戦争全面化までの準戦時期に工業労働人口急増のピークがあった。

すなわち、「大正三年ヨリ同八年末迄ノ五ヶ年間に六六三、七二五人、昭和六年ヨリ一三年末迄ノ七年間ニ一、五五五、〇八九人、計二二八、八一四人ノ増加ヲ見、明治初年以降ノ増加ノ約三分ノ二ハ此両期ニ生ジタコト」がわかるのである。また、この増加傾向は時代が降るに従って強まり、年平均の増加数は、第一次世界大戦期に比べ満州事変以降は約二倍にまでなっていた。

二　職工数増加の実情

次にこの職工数の増加推移を工業種別で追ってみると、表4—3のようになる。細かい種別ではなく、軽工業と重化学工業に大きく分類した数字であるが、その特徴ははっきりと読み取れる。第一次世界大戦期は、全体のほぼ八割近くを軽工業部門労働者が占めていたのに対して、以後時代が降るに従って、その割合が変化し、ここには示されていないが、戦時期に入った一九三八年には、ついに重化学工業従事者が上回る結果となった。

第一次世界大戦期以降、とりわけ満州事変以後の産業構造の編成替え、すなわち軍需を基軸とした重化学工業化の急展開が、労働者数の増加に結びついていたことは明らかであろう。職工数そのものの増加傾向の中心となっていたのは、第一次世界大戦期は軽工業労働者で、一九一八年では、年平均で七万九、〇〇〇人あまりで、重化学工業の

表 4-3　工業人口（職工）の量及び質の変遷

年	総計	重化学工業	軽工業
1914	948,265	177,012	765,339
1919	1,611,990	442,268	1,163,474
1924	1,789,618	511,703	1,271,455
1927	1,898,872	538,307	1,352,221
1931	1,660,332	421,812	1,320,272
1932	1,733,511	489,873	1,235,668
1935	2,369,277	906,211	1,454,676
1936	2,592,687	1,079,010	1,504,556

出所：農林省経済厚生部『農業人口及農地ニ関スル資料－農業適正規模調査調整資料第二輯一』より。

五万三、〇〇〇人余りを上回っていた。翌年から一九二四年までの五か年をみてもその傾向は変わらないので、一九二〇年代はほぼ軽工業が労働者増加をリードしていたと判断できるであろう。しかし、「満州事変以降ハ重化学工業ノ発展ガ圧倒的トナリ、事変以降七ヶ年平均増加数ヲ見テモ、重化学工業一七七、六五二人ニ対シ軽工業ハ、三九五人ニ過ギズ、最近ニ於ケル職工総数ノ増加ハ主トシテ重化学工業ニ依ルモノト見做」すことができ、三〇年代に入って増加傾向の軸が大きく変化したことを示していた。[17] 軍需に牽引された産業構成の高度化、つまり重化学工業化が如何に急ピッチで、大規模に展開されたかをうかがわせる結果であった。

第四節　戦時期・本格的戦時期の農業・農村問題とその対策

一　重化学工業化の進展と農村人口の流出

このような重化学工業化の進展は、農村からの労働力の流出を招かざるをえなかったと思われる。農家戸数の推移を追ってみると、一九三二年の五六四万二、〇〇〇戸をピークに、一九三五年には五六一万戸、三七年では五五七万四、〇〇〇戸、三九年、五四六万一、〇〇〇戸と、準戦時期・戦時期を通じて一貫して減り続け、四一年の本格的戦時期を迎えることになったのである。わずか七年間で一八万戸以上の農家が姿を消したということは、生産年齢人口に換算した時は、おそらく五〇～七〇万人近くの農業従事者が減少したことを意味していたと思われる。このようななかで、さらに大規模化した戦争を継続するために、至上命題として突きつけられた国民食糧の確保をめざし、それまでの軍需重化学工業最優先の産業政策を一部修正し、農村人口の定有を掲げる人口国策に踏み切らざるをえなかったのである。[18]実際に、米生産に関してみる限りでは、先の表4―1から明らかなように、冷害により大凶作となった一九三四年に生産量の大きな落ち込みを記録した以外は、一九三一年、四一年の凶作による収穫減はあったものの、基準とした一九二五年からの五か年平均量を大幅に下回ることはなかった。むしろ、生産技術の改善などにより本来はもたらさるべき生産量の増加が見られず、ほぼ基準年と同水準を維持し続けたところに、労働力減を含め、肥料をはじめとする生産資材の不足などの生産条件悪化の影響が現れていたとみるべきかも知れない。「農家が黙々として、戦時責務を負荷する態度を観る時は真に、我国の農民道、未だ地に墜ちざるを歓び、且、農家の尽忠報国の至誠に合掌せざるを得ない」[19]とは多分に精神主義的ないい回しであるが、確かに農家個々の更生エネルギーを団体的取り組みにより組織化し、運動的に昂揚させることによって、労働力減を始めとする生産諸条件の悪化を生産量の減少に結びづけることなく、大幅な生産量アップこそなかったものの、著しい落ち込みを防ぎ、一定水準を維持する結果に結びづけて行ったといえよう。

農家労働力等について調査した農林省の他のデータでは、[20]一九三八年の農家世帯員数は、小作農はそれ以前の七か年平均をほぼ維持していたが、自作農ではすでに減少傾向が現れていた。そして「世帯員中農業労働に従事する農業従業者の実員数は昭和一三年度に於いて自作農三・六二人、小作農三・六六人にして、之を前七年に比較すれば、両者とも最低の数字を示し、（過去八年の・・・筆者注）平均に比較して自作農〇・一六人、小作農〇人の減少であ」[21]ったことが報告されていた。

この時期の農家戸数の減少、その結果としての農業従業者の減少は、戦時産業政策の中核として位置づけられた軍需重化学工業化の進展を背景に、進行し続ける都市の労働需要の高まり、それに見合った労働賃金の上昇に誘引された農村からの労働力移動も大きく影響していたことが予想される。都市における労働力需要の高まりと、その結果としての都市人口の増加については、すでに触れたが、農村の側にも、そこに労働力が吸引される要因があった。日中戦争が本格化した戦時期に入ると、農産物価格は一定の安定を示し、先に見たように、米生産をみる限り、一部の凶作年を除き著しい生産減退も見られなかった。その意味で、農村は、米価繭価の暴落に呻吟し、負債が累増していった恐慌期とは異なった条件下にあったといえよう。しかし農家経済そのものは、必ずしも堅調に支えられていたとはいえず、負債償還が未だ道半ばであったことも含め、逼迫した状況から完全に脱却することはできなかった。そのことが、戦時景気のなかで殷賑を極めた大都市をはじめとする、都市への農村からの人口流入に結びついていったと考えられるのである。

先にも見たように、農産物生産量の安定、生産物価格の一定水準での推移など、前時期に比べ農家経済にとっては有利な条件が整いつつあったのではあるが、公租公課の重課、物価騰貴などが、農業収益の増加を阻む結果となった。すなわち次のような実情が重くのしかかっていたのである。先に見た史料から摘録しておこう。

農家の総収入指数を物価指数をもって除したものを以て農家経済の購買力指数とするならば、購買力指数は昭和一三年度に於て自作農九二、小作農九四にして、之を前七ヶ年と比較して両者とも最低の指数を示し、平均と比較して自作農は八、小作農は六の低下を示し両者とも略同率の低下率を示して居ると謂って差し支えないであらう。此の事から推して昭和一三年度は前七ヶ年に比して、自作農、小作農両階級の何れを問はず農家の経済にとっては諸物価の趨勢と対比して最も逆境の年であったと謂ふも過言ではあるまい。尚強いてここに於て我々は謂はんとするものである。

即ち昭和一三年に於て農家の総収入、総所得及余剰は従前からの推移から観ても亦絶対額から観ても可なりの膨張をきたし、農家の経済状態は見かけの上からは予想せられるのであるが、真実はそれとは全く反対に農家の購買力は此の八ヶ年以来の最低を示して居るのであって、現下の経済界が如何なる様相を呈して居るかを我々は農家経済の立場からでも容易に窮知しうるであらう。(22)

このような農家経済の実情が、とりわけ都市周辺農村の零細経営の貧農層にとって、より有利な賃金の獲得を目指して農村から離脱し、殷賑産業に身を投じるきっかけになったことは容易に想像できることであろう。戦時期に至ってからの農家戸数の減少はこのような背景を持っていたと考えられるのである。

二　農村労働力補給対策の展開―岐阜県の事例

それではこういった農村の状況に対して、どのような政策的対応が講じられていたのであろうか。農業を含めた産業政策全体のなかで、軍需重化学工業の整備、拡充が最優先課題であったことは、日中戦争全面化以降の戦時期においては当然であったが、満州事変以後の準戦時期にあっても、その基調は同じであった。そして、四一年以降の本格的戦時体制期に至っては、その重点化はより強められることになるが、一方で、戦時食糧確保の楽観的見通しが崩れていくなかで、掛け声としての増産はともかく、先ずは必要最低限の食糧確保が果たされねばならず、そのために軍需重化学工業に重点的に振り向けられていた人員、資材の農業への投入についても一定の配慮がなされた。実質的に全くの手遅れ状態ではあったが、農業労働力について、戦時の深化の最終局面ではあったが、農村人口の定有が企図されたのである。農業関係者にとっては、「取られっ放し」の状態がいくぶん緩和されたに過ぎない程度ではであったが、農業での労働力確保が政策としてめざされたことは確かであった。

日中戦争の全面化からここに至るまでの時期は、先にみたような農家戸数の減少などの事態に対して、差し当っての応急策―それは実際的には現状の弥縫策に過ぎなかったが―が講じられていた。その様子を岐阜県の事例で追ってみよう。岐阜県を取り上げるのは、この地域が「中部日本軍需工業地帯タル名古屋市並各務原飛行機工場等ヲ控フル」[23]位置にあって、「事変ノ勃発以来応召並軍需労務者等ノ送出ニ依リ農山村ノ労力ハ漸次減少ヲ来シツヽアリ」「今後尚此ノ傾向ノイチジルシキヲ予想セラル」地域であったからである。

先ず、ここで最初に確認しておきたいのは、これまで述べてきたように日中戦争全面化以降の農業・農村対策は、恐慌期及びその打撃克服過程であった準戦時期が、多収穫施設、農産物価格対策、負債整理策であったことから大きく転換し、もっぱら農村労働力対策に基軸が移ったことであった。「事変下に於ける農村労力の補給調整を図ることは農業生産確保増進の最も緊要なる問題であって之が成否は一つに繋って銃後農村の責務遂行に至大の影響ある」[24]ところであるという位置づけが明確であったのである。

そのうえで、一九三七年以降しばらくは、具体的対策は応召遺家族農家の労働力支援、すなわち勤労奉仕という文字通りの応急的対策で終始した。しかし、戦局の拡大から長期戦の可能性が取沙汰されるようになった三八年から三九年頃になると、この政策基調はそのままに一段踏み込んだ対策、すなわち地域内農業労働力調整策が立てられ、そのために必要な実態調査とそのデータを元にした具体策が講じられていったのである。すなわち「従来応召農家に対しては勤労奉仕班の結成活動を勧奨督励して其の経営の安定を図ってきたが時局の推移にともなって応召農家の援護のみでは農村労力を調整し生産の維持を図る事も困難となって来た」ことに対応する施策が必要となったのである。

しかし、この段階の労働力対策の特徴は、まさに労働力調整という表現に示されていたように、過不足の調整を基本としていた。つまり、農村は過剰労働力の滞留地であるとの従来からの認識に立って、一方で顕著になってきた労働力流出を奇貨として、調整を施すことによって、軍需部門への労働力供給と農村の必要労働力確保を両立させようと考えていたのである。次のような政策趣旨の説明が、それを端的に物語っている。

農村労力調整対策

（一）労力調整ノ方針

（前略）而シテ県下ニオケル農業状態ハ農家一戸当耕作面積僅カニ七反三畝ニシテ全国平均一町八畝歩ニモオヨバズ従来一般ニ労力過剰ヲショウセラレ分村計画ノ遂行ヲ勧奨セルノ状況ニ在リテ此ノ際労力ノ減少ヲ契機トシテ一戸当耕作面積ノ合理的拡大ヲ図リ適正規模ノ経営農家ヲ設定セシムルノ緊要ナル時機ニ際会セリ然レドモ之等相当ノ余剰労力モ不合理ナル送出ヲナストキハ農村ノ生産力ニスクナカラザル影響ヲ及ボシ国力ノ源泉タル農山村ノ基礎ヲ危ウクスルノ虞ナシトセズ（後略）。[25]

県ではこの方針に従って労力補給調整策を立案、実行していったが、それに先駆け、先ず全県下いっせいに実態調査が行われた。その方法は以下のようなものであった。

①一市町村農会を実行機関として、全市町村各部落に農繁期労力調査書により部落毎に各戸調査を行う。主要調査内容は、農業経営の大要、労力の現在状況、労力移動の実情。

②二市町村農会は部落毎に集計を行い市町村長と合議の上、更生計画委員会の審議を経て労力調整調査票に記入し郡農会に提出する。

③三郡農会は各市町村の集計票を作製、県農会を通じ県に提出する。

④四県は地域的農村労力の現状及び労働力移動の実情について精査を加え、労力調整計画の基礎資料とするとともに、軍需労務者の動員や満州移民送出等の計画資料を作製する。

この調査資料をもとに、次に、以下のような具体策を策定することが進められた。代表的な項目を列挙しておこう。

（一）部落農事団体毎の共同作業（共同耕作、農繁期共同炊事、託児所等）
（二）畜力及び機械力利用及び共同施設
（三）耕地の交換分合、農道の新設改修及び区画整理
（四）婦人、学生等潜在的労働力の活用
（五）勤労奉仕事業の徹底

また、特に労働力の過不足対策として、次の点に力が注がれた。村内に過剰労働力が存在する場合は、軍需労務者としての送出及び満州移民計画を樹立することが重点とされた。また、季節的過剰労働力については、移動労働班の編成、農業土木事業等生産力拡充計画への振り向け、新規副業、農村工業への充当計画などによって対処することとされた。そして、一方の労働力不足対策としては、集団的移動労働班による補充と村外からの臨時雇入計画の樹立に力点が置かれていた。

以上のことから明らかなように、日中戦争全面化以降、本格的戦時期への移行過程では、農業・農村対策の重点として、農業労働力問題が据えられ、全県的な取り組みが行われた。それらは勤労奉仕班による応召遺家族支援という、事変即応の応急策から一段進んで、実際に惹起されつつあった、またそこまではいかないまでも、長期戦の予測のもとでより本格化することが懸念された農業労働力不足への対策を具体化する形で進められた。しかし県レベルで見た時、その内容は、先ず労働力状態についての正確なデータ作りから始まり、それに基づく労働力移動による調整、す

なわち過剰の解消と不足の補填に重点が置かれていたといえる。岐阜県を事例としたこれら施策の具体的実施経過については、紙数の関係から別の機会に譲ることにするが、その政策内容からもわかるように、これはあくまでも労働力の過不足調整を軸とした、その意味で過渡的な、対症療法的な労働力対策であった。戦局の長期化、悪化のなかで、本格的戦時体制に突入する前後には、もはや農業労働力不足の状態は、このようなものでは間に合わなくなり、より抜本的な方策が必要とされることになるのである。

第六節　小括

ここでは、全国レベルの統計に拠り、巨視的な把握の仕方で、恐慌期以降労働力移動の実情とその農業への影響を検討してきた。これまでは、農村の抱える問題やその課題への取り組みが、地域性に関わりを持つことが多く、いわゆる農業の地帯構造といったものを媒介にする必要が多かったために、個別事例を中心に検討を積み上げてきたが、ここでは恐慌期以降本格的戦時に至る過程での時々の農業・農村の課題を俯瞰する方法を敢えて採用し、各時期の農業・農村が抱えた問題や、ある時期から次の時期への移行のなかで展開した大きな政策的転換を包括的にとらえることを試みた。そこで、明らかになった幾つかの点を整理しておこう。

一九二〇年代、第一次世界大戦期をきっかけに資本主義は大きな経済発展をとげ、それを受けて、三〇年代に入ると、初頭から始まる対外的軍事行動との関係から、工業部門の産業構成の高度化が急がれ、昭和恐慌からのいち早い回復を好機に、そのテンポを速め、日中戦争の全面化にともなう戦時経済への対応が果たされていく。これに対して、地主小作関係と零細経営に規定されて、農業生産は概して停滞的であり、農村内に飽和的に抱え込んだ過剰労働力の有効利用に窮し、恐慌期の都市での就業機会の縮小に圧された帰農などにより、さらに余剰人口の滞留地として経済効率の悪い生産基盤を形成することになった。農業恐慌は、そのような農村に、米価繭価をはじめとする農産物価格の崩落という形で襲来し、農業収益の大幅減という痛撃を個別農家に与え、困窮の淵に追いやった。それ以前から、農会活動などを通じて積み上げられてきた多収穫と、品種改良などによる生産力アップは、三〇年代に入って一定の成果を見せ始め、時折襲来する凶作は別として、農産物収量の安定と多収が農村に利益をもたらすはずであった。しかし、養蚕をはじめ、都市化の進展に対応した商品作物の栽培や、米市場そのものの整備などにより、しっかりと商品経済のシステムに取り込まれた農業生産は、豊作故の価格低落といった事態を典型とする、それまでの農業問題とは異なる形の不利益を被ることで困窮の度を強め、なかなか回復基調に戻れないために生産力基盤を掘り崩される結果となった。個別農家は、過剰にまでなった農村労働力の全面投下により、一心に多収穫をめざし、その収量アップの実現によって、高率小作料制の軛のなかにあっても、何とかしてわずかでも生産余剰を生み出し、収益アップを果たして、再生産条件を確保することによって経営を維持しようとしていたのである。恐慌はその経営の仕組みの根幹、すなわち生産物価格に直接痛撃を与えることで、個別農家の経営基盤を破綻に追いやったのである。農業恐慌以後の準戦時期の農業問題は、このような特質を持っており、そのため、対応策は、生産・流通の効率化による経営コストの削減をもっぱら追及する取り組みとして具体化された。軍需にすべてを振り向けることが至上命題となっていた当時の財政事情のなかでは、この農業・農村対策に回す資金のゆとりはなく、そのため、農村民の自奮自営、共同体的規制を有効活用した団体的取り組みなどが具体的手法として盛んに活用され、エネルギー結集のために運動化され、ともかく安上りの農業対策として展開された。この経済更生計画の成果については、従来から様々な論点が提示されているが、イデオロギー的な国民統合の政策効果とともに、生産・流通過程の合理化、共同作業・共同施設の設定などによる生産効率の向上などの点で、一定の成果を挙げたとも評価できよう。少なくとも、この時期の農業・農村問題が、そのような側面でとらえられ、一部運動化しながら改善の措置が講じられたことは確かで、そこでは過剰状態にあった農業労働力が問題にされることは少なかった。

この状況が大きく変化したのは、日中戦争の全面化を機に戦時期に入り、軍需の必要から重化学工業化が急がれ、産業政策全体の重点がそこに収斂されることになったことをきっかけにしていた。この一方で、恐慌からの回復についても、財政出動がともなうことなく、もっぱら自助努力の発揚が望まれた農業部門は、食糧自給への楽観的見通しから、当面は軍需関連農産物の生産維持が目指された程度で、産業政策の重点となることはなかった。戦時期に入り、応召と軍需関連産業への流出により農業労働力が問題視されたが、差し当っては勤労奉仕の充実という形で、依然として自助努力の発動により、応急的対応が企図されたに過ぎなかった。しかし、大都市周辺を中心に耕作地の潰廃が進み、農作業従事者の脱農が増えて来るに従い、戦時の深化とともに、農業生産維持のために労働力確保が政策的に取り組まれるようになっていく。農業・農村問題は、農産物価格に関わる農業収益から転じて農業労働力確保による農業生産力基盤の安定的維持に移行したといえる。しかしその場合でも、ここでの検証で明らかなように、一九三九年の植民地での大幅な収量減を経験するまでは、農村内での労働力調整を基本にした対策が取り組まれたに過ぎなかった。農村での過不足の調整と季節的労働移動を主たる内容にしたこの時期の農業労働力対策は、それでも当初の勤労奉仕から一段進んだ対応策であったが、やはり過渡的な措置であって、抜本的な労働力確保策には程遠かったのである。戦争の全面化以後、長期戦が予測されるこの段階に至っても、国民食糧の確保にこの程度の政策的取り組みしかなされなかったところに、日本の戦争指導、そして戦時体制、戦時経済の特質があったといえよう。

第五章　昭和恐慌回復過程での農工間隔差と農業基盤への影響

はじめに

本章では、大阪府及びその近郊農村の実態を通して、恐慌克服期以降の資本主義発展が、農業、農村にどのような影響を与え、農工間にいかなる問題を胚胎させ、また顕在化させたかを明らかにすることを課題とする。

このような課題設定で、対象時期を考えるとき、その起点は、日清・日露戦間期、すなわち一九〇〇年代に求めることが出来ると考えるが、都市の商工業発展をより重視するならば、やはり第一次世界大戦期の資本主義の著しい経済発展に焦点を当てるべきであろう(1)。この時期は生産額で工業が農業を上回り、工業がより発展していく一方で、地主制のもとで、農業の停滞性が刻印された時期であった。また、課題との関係で対象地域についても言及しておこう。第一次世界大戦期以降の資本主義発展を典型的に象徴するのは、東京、大阪、名古屋、福岡を代表とする大都市で、中でも行政都市的発展の要素が強い東京と、筑豊炭田を背景として独自の発展を遂げた福岡に比し、大阪、名古屋はより一般化された意味での商工業発展を遂げた典型事例といえよう(2)。ここでは、特に昭和恐慌回復過程で急激な工業発展を遂げた大阪を事例として取り上げるが、この地域についてはこれまで多くの研究が蓄積されている。特に第一次世界大戦期の大阪の商工業発展と周辺農村との鋭い緊張関係については、小作争発生のメカニズムの検討を目指した田﨑宣義氏によって精緻な研究成果が出されている(3)。小作争議状況が生み出されるに至った農工間の格差構造が、特に賃金格差として表面化し、農業経営における自家労賃部分についての農業者の意識を高め、その比較対照の中から、農業収益の不採算性、農業労働の不利性の主因が高率小作料にあることが認識されていき、当初の土地引き上げ戦術から計算書戦術への転換が起こることが実証される中で、対象地大阪の工業発展もその前提として精細に分析され特徴づけられている。本章では、市の工業発展、とりわけ重化学工業化が著しく進展した一九三〇年代前半を対象時期として設定し検討を進めるが、その前提としての一九二〇年代については、これらの先行研究から多くを学んだ。

一九二〇年代に本格化した小作争議は、その後東漸を遂げ、次第に関西圏から中心が移行し、二〇年代半ばに施行された小作調停法の運用もあって、ここで問題にしようとする三〇年代には件数、規模とも減少しその態様も変化していった。紙数の関係から、ここでは、農工間のアンバランスの問題に焦点を当てたために、争議分析にまで論点を展開できなかった。もともと大阪の工業発展そのもの、あるいは農業構造そのものについてのデータはそれぞれ相当膨大なものがあり、それらを総体として検討するだけでもかなりの紙数を必要としたため、争議分析のみならず、仔細な個別分析には立ち至れなかった部分もある。例えば、農工間の不均等は労働市場の展開を必然的に活発化させるが、その折に大きな導因になるのは、工業労働と農業労働の賃金格差であり、一九二〇年代の経験を積んだ農業経営にあっては、農業の不採算性に対する不利感が、情緒的側面も含めて大きな作用を及ぼしていることは確実である。都市への憧憬、向都心などはそれらの農民心理の発露であって、実際の労働移動にとっても重要なインパクトを持っていたと考えられるが、そういった点も含めて、十分に分析のメスを入れられなかった。また、一方で都市化の急進展により資本蓄積を果たした都市では、その潤沢な資金の投下先として、必要度を高めている都市基盤整備が当然想定され、現実にそのような資金の流れがあった。しかし、ここでは、そういった地価の急上昇や高賃金構造にも十分検証を深めることができなかった。先ずは、大きな枠組みとしての恐慌期の大阪工業の発展形態と、同時期の農業恐慌下の農村の実情を明らかにすることからはじめ、そこにおける農工間の問題がどのように発生し、それはそれまでの一九二〇年代とどのような関係性でとらえれば良いかを明らかにしていきたい。本章の中で触れるように、恐慌回復過程の大阪工業が重化学工業化の急展開という形で、かなり特徴的な様相を呈することからも、特にこの時期に焦点を当てる意味があると考える。(4)

第一節　恐慌回復過程の大阪工業―急激な重化学工業化

一　金融恐慌と大阪

大阪市はすでに明治期から近代商工業都市として発展を遂げていたが、とりわけ第一次世界大戦期の商工業発展は顕著なものがあり、まさに日本全体の資本主義の経済発展を牽引する役割を果たしつつ、飛躍的な労働市場の展開が周辺農村・農業に直接的影響を与え、地主制の矛盾を顕在化させることとなった。一九二〇年代前半にピークに達した小作争議は、二〇年代半ば以降、小作調停法の運用や減免要求の一定の成果などにより鎮静化が図られつつ、二〇年代後半から三〇年代にかけては連続する経済不況、とりわけ昭和恐慌の影響で、それまでとは異なった経済環境の問題として表面化することになる。ここでは、その点を労働市場の展開と都市近郊農村の実情を検証しながら分析していくが、先ずは、商工業発展を遂げた大都市大阪の昭和恐慌期の実情を明らかにすることから始めよう。

二〇年代、反動恐慌、震災恐慌と連続する経済変動の中で、特に大阪市経済に大きな影響を及ぼしたのは金融恐慌であった。東京渡辺銀行の取りつけ騒ぎに始まった金融恐慌が、大阪を中心とする関西圏経済界に直接影響を与えたのは、二七年四月一五日の近江銀行の休業であった。大阪市東区に本店のあった同行は、資本金一、五〇〇万円、預金総額一億三、七〇〇万円、貸出金総額一億二、三〇〇万円（いずれも一九二六年）で、市中主流銀行の一つであった。その休業声明は以下のようなものであった。

当行は大正一三年の整理後漸次事業の改善と伸展を見つゝありしが、去月中旬東京方面に端を発し次で関西方面に波及し来れる財界動揺の影響を受け、爾来預金の緩慢なる取付やまざりしが、最近に至り地方の支店所在地においても銀行休業を発表するものあり、殊に台湾銀行救済に関する緊急勅令問題の危急を報ぜらるゝや、財界の事態実に容易ならざるを思はしめ、預金の引出益々盛んならんとする情勢を看取せらるゝに至りたるを以て、このまゝ営業を継続せんか、却って当行を信せらるゝの厚き好意ある預金者の各位に対し或は迷惑を増すことあらんを恐れ、こゝにやむなく本日より向ふ三週間臨時休業をなすことに決したり(5)

近江銀行の大口貸出先は綿糸布織物業が四〇％余りを占めていたので、休業はこの業界に深刻な影響を与えた。この近江銀行を皮切りに取付騒ぎは瞬く間に市中及び関西全域に広がり、金融恐慌の中心は東京から関西に完全に移ったといえるほどで、わずか四日間に、総額三億四、三〇〇万円余りが引き出されたといわれている。この金融恐慌の大嵐は、日本銀行からの非常特別貸出とモラトリアムによってやっと終息を迎えることになるわけであるが、この間、大阪金融界では、痛手を被った市中中小銀行の大手銀行による整理統合が進んだ。取付によって中小銀行から引き出された資金は、安全性の高い大手銀行に流れ、そのことが大手の危機打開を早めた。実際に五大銀行の一つであった住友銀行は、預金高が最も底となった時点で、恐慌以前の五・八％の減少を来していたが、わずか二週間後の五月初旬には、すでに最低額から一〇・六％の回復を見せていたのである。

二　昭和恐慌と大阪

金融界のこうした状況は、大阪の商工業に影響を与えずには置かなかった。中でも、中小企業の主要な資金供給源であった市中中小銀行の破綻、整理統合は、中小企業に大きな打撃を与え、経営を逼迫させる工場が続出した。一九二七年五月一〇日の新聞記事によると、府特高課の調査報告として、この金融恐慌下で閉鎖ないしは無期休業となった工場数は二三七、職工数五、八四六人を数え、それらの主な業種は、織物繊維の小工場で、泉南、泉北では全

表 5-1　昭和恐慌期大阪市の経済諸指標

年	工場数	職工数	工業生産額	輸出額	輸入額	貨物集散出荷額	小売物価指数
1928	111.3	102.5	104.7	112.9	112.1	104.6	106.1
1929	113.8	107.1	117.1	122.6	119.6	104.2	102.5
1930	112.9	95.0	87.8	82.4	87.2	77.4	82.0
1931	114.5	92.8	79.6	60.3	81.3	66.9	78.3
1932	120.5	103.7	87.5	92.0	101.1	76.3	85.9

注：輸出額・輸入額・貨物集散出荷額は大阪港分。
出所：『新修大阪市史』６巻より著者作成。

滅に等しい状態だったとある。そして、取引相手の中小銀行からの融資が滞り、そのために、原料仕入れが困難となり、売上が大きく落ち込んだ結果、繊維関係に次いで、鉄工業、ガラス工業、化学工業の小工場が同様に営業の継続が難しい状態になっていったと報告されていた。モラトリアムが実施された時期の商取引の停滞も中小企業には大きな痛手で、大阪の主要な商品である、綿糸布、呉服太物、金物、石鹸、鉄材、ガラス、陶磁器などの各産品は、何れも三、四割の取引減となり、また、中小銀行の破綻で資金繰りに窮したそれら中小工場に対して、大手銀行は信用不安を理由に資金融通を渋ったため、営業利益の減少に加え、手元資金が枯渇し休業に追い込まれる工場が相次ぐことになったのである。

ここに昭和恐慌が襲来した。折からのデフレ政策と金解禁は、国内財閥系銀行をはじめ、財界全体からの強い要請に応える経済政策であった。金解禁そのものは、物価の急落、株価の下落が予想され、産業界に大きな打撃を与える危険性も多分にあったが、低迷する景気、貿易収支などの悪循環を断ち切るショック療法として、少なくとも大阪財界では待望論の方が強かったといわれている。輸出関連業種及び中小企業は全般に反対論ないしは慎重論が強かったとされるが、財界、産業界全体を主導する大手金融機関及び企業によってそれは打ち消されていった。

金解禁に備え緊縮や節約が呼号されているとき、一九二九年一〇月、ニュー

表 5-2　大阪市の工業生産額の推移　（単位：万円、万円以下四捨五入）

年	染織工業	機械・器具工業	化学工業	飲食物工業	雑工業	特別工業	合計
1926	23,932	24,319	17,814	10,119	14,643	11,195	102,021
1927	24,865	26,798	18,554	9,779	13,885	13,361	107,241
1928	22,465	31,804	19,293	10,864	14,972	12,869	112,266
1929	23,093	39,039	21,491	10,272	15,969	15,767	125,632
1930	14,760	28,643	17,497	8,749	13,025	11,525	94,198
1931	11,596	25,897	14,989	7,489	11,107	14,294	85,373
1932	14,201	25,868	17,175	8,274	12,937	15,504	93,859

出所：「大阪府統計書」（『市史』263 頁）より著者作成。

ヨーク株式市場の大暴落により世界恐慌が始まった。金解禁と大恐慌の襲来は大阪経済界の大方の予想を遥かに超える大打撃をもたらした。工業生産、輸出入を始めあらゆる分野で大幅な減退を来たし表5―1のように、おおむね一九三一年を底に軒並み惨落した。大恐慌前の二九年と底の三一年を比較すると、工業生産で三割強、大阪港の取り引きでは、輸出はほぼ半減、輸入も三割以上減少、貨物出荷額も三六％減という有様であった。

工業種別に見た生産価額の推移を表5―2でみると、特別工業を除き三一年ボトムの状況は、工業生産全体あるいは貿易額等と同様であり、また、その落ち込みも一様に激しいことが看て取れる。染織、化学、雑工業の右肩下がりが顕著であり、飲食物工業も落ち込みが大きい。工業全体の中心となっている機械・器具工業も、二〇年代後半から急激に生産高を躍進させてきたものが一挙に落ち込んでしまった。その一方、早期に底を向かえた特別工業をはじめとして、この機械・器具工業も、また、その他の工業種でも、三一年以降の立ち直り傾向がすでに現れていることが特徴でもあった。中軸となっている機械・器具工業も大恐慌以前の水準を下回ることなく上向曲線を描き始めているのである。大恐慌の打撃が急激で大きかったこととともに、回復過程に関わるこの特徴については留意しておく必要があろう。この点は後に取り上げるが、大恐慌の実情についてもう少し検証しておこう。

工業全体の落ち込みについて、より仔細にその内容をみると、生産価額減退の主因が生産量ではなく製品価格の急落にあったことがわかる。例えば、生産価額低落が顕著であった染織工業の中で、綿糸紡績（管糸）は、大恐慌前の二九年と底の三一年の比較で、生産数量は四・九％の減少であったが、その価額は、約一億七、七〇〇万円から、九、〇〇〇万円余とほぼ半減していたのである。染織工業全体での割合は然程多くなかった綿織物（金巾）も、生産数量は一四％の落ち込みであったが、生産価額は、やはり二、九六三万円から一、四九〇万円と半減していた。メリヤスも四、五〇〇ダースの生産量が三、五〇〇ダースとほぼ二〇％ほど生産減に陥っていたが、生産額は、一、九五五万円から一、二六七万円と三五％余りの減退となっており、ここでもやはり価額での落ち込みが激しかったことがわかる。これは他の業種でも同様で、機械・器具工業に含まれる汽船の製造では、二九年の三六艘が三一年には四七艘と、恐慌下にもかかわらず三割近く生産量を増やしているのに、その価額は、七三一万円から四〇五万円と四五％近くの減少を来たしていたのである。化学工業でも同様で、工業用薬品の硫酸は二五％の生産減退であったが、価額では五八％、肥料では、生産減は四％余りなのに対して価額は二四％近く落ち込んだ。石鹸にいたっては、わずかであるが〇・五％生産量を増やしているにもかかわらず、生産価額は三〇％近く落ち込んでいたのである。すなわち、大恐慌期の大阪工業の減退は、生産数量の減退以上に製品価格の急激な下落によってもたらされたといえる。このように工業生産額の著しい減退が、ひとえに生産量の減退に起因していなかった点は、後の回復過程での特徴に結びついていくことになった。

このような恐慌の打撃に対して、大手企業を中心にカルテルを、また、中小企業にあっても、全国一の数を誇った業種別組合への結集により組織的取り組みを果たすことで、過当競争による生産過剰を抑制する方向で対応が進められていった。しかし、日本全体もそうであるが、特に大阪工業にとっての恐慌克服過程は、満州事変をきっかけとした軍需インフレ政策の展開によってもたらされた。周知の如く、世界恐慌からの立ち直りに関して、工業部門において、日本は先進資本主義国の中でもずば抜けて早い展開をみせた。それはまさに、対外危機の醸成による軍需景気への先行き感からもたらされた。当時、住友電線の専務であった小畑忠良は、このときの状況を次のように述べている。「(恐慌から)しばらく経って満州事変があったんです。それで事業の方は活気がでました。それまでの消極財政と経費節減で、もう抑えられるだけ抑えてきたので、能率は非常にあがっているんです。そこへ戦争でにわかに需要があがってきたんですから、それはもうかりますわ(6)」と回顧するように、経営合理化がぎりぎりのところまで進んでいたところに軍需がもたらされたために、世界恐慌からの逸早い脱却が可能になったとするのである。その全国の動向に先駆けて、最も早い恐慌回復過程を示したのが大阪工業であった。工業生産額をみると、昭和恐慌時に三三%余りの減少を来したものの、一九三二年には対前年比一二・七%の増加に転じ、翌三三年には三七・六%の増加を示し、すでにこの時点で一九二九年の水準を凌駕する回復過程を示していた。また、景気動向を最も良く反映するといわれる労働需要においても、常用工の移動状況をみると、大阪地域では、一九三二年の八月までは、解雇数が雇入数を上回っていたが、早くも、翌九月からは逆転し、以後その状況が持続されていくのである。その結果一九三三年一二月には、三二年七月を一五・五%上回る常用工が確保されていた。この工業の伸びは、軍需重化学工業を軸に展開した。恐慌期からその回復過程に当たる一九三一年から一九三七年で、繊維や食料品・印刷、マッチ等といった伝来の軽工業部門は生産額において約二倍の上向を示していたのに対して、鉄道車両、造船を中心とした重化学工業部門は四倍余りの伸び率を示した。その結果、大阪工業の構造は、三一年ではまだ軽工業の割合が高かったが、恐慌期と回復過程で完全に逆転し、生産額では重工業部門の占める割合が七三%にまで達していた。表5―3から明らかなように、産額も大きく、最も高い伸びを示した金属工業をはじめとして機械・器具、化学の重化学工業部門が軒並み高い上向曲線を描いていたのに対して、窯業や食料品、印刷・製本などは伸びてはいるもののその割合はさほどでもなく、それら軽工業の中心で産額も多かった紡織部門は。日中戦争期に向けて下降曲線を描いていたのである。この各種工業の

表 5-3　恐慌回復過程の工業生産額　（単位：万円）

年	金属	機械・器具	化学	紡織	窯業	製材・木製品	印刷・製本	食料品
1931	16,820	9,074	12,818	12,263	1,832	1,870	3,975	1,697
1934	32,802	23,140	20,572	23,828	3,954	2,552	4,673	7,481
1937	76,937	49,191	32,220	21,389	5,477	3,732	6,027	8,124

注：職工数 5 人以上の工場が対象。
出所：「大阪市統計書」（『市史』）より作成。

表 5-4　恐慌回復過程の職工数　（単位：人）

年	金属	機械・器具	化学	紡織	窯業	製材・木製品	印刷・製本	食料品
1931	23,150	24,808	15,568	34,399	8,382	5,102	7,417	5,829
1934	46,974	48,852	20,792	43,643	13,527	8,003	9,086	8,424
1937	61,888	85,647	26,067	40,925	15,075	9,282	11,614	10,373

注：職工数 5 人以上の工場が対象。
出所：「大阪市統計書」（『市史』）より作成。

生産額の推移は、職工数の推移と酷似していたことが表5―4から明らかとなる。金属と機械・器具工業の位置関係が入れ替わっているのと、化学工業の職工数そのものがいくぶん低位にあり、また伸びの度合いも生産額ほどではないことぐらいが相違点で、重工業部門の右肩上がりの状況はほぼ同様の傾向を辿っていたことがわかる。同様に、軽工業部門でも、紡織工業の職工数そのものが比較的高位にあること以外は、その部門が日中戦争期に向けて下降曲線を辿ることを含め、ほぼ近似した傾向であったことがうかがえる。

このように大阪工業は、恐慌期に大きな落ち込みをみせるものの、その回復過程は、早期であり且つ著しい上向曲線を描いていたところに特徴があった。それは満州事変を契機とした軍需インフレへの転換が契機で、その結果、軍需重化学工業を牽引車に、とりわけ重化学工業部門で生産額、職工数の飛躍的な伸びを記録していた。軽工業部門も、紡織を除き落ち込みをみせるわけではなかったが、その上向の割合は相対的に低いものであった。

第二節　農業恐慌の襲来と大阪農業―遅れた恐慌脱出

それでは、工業部門がこのような推移を示した恐慌期とその回復過程の大阪では、農業はどのような状況であったのであろうか。いくつかの指標を手掛かりに概観しておこう。第一次世界大戦期の急激な商工業発展を経た後の大阪府全体の生産物価額の中で、農業部門の占める位置は著しく低く、一九一九年には約六％程度で、残りの九四％近くを工産物が占めていた。その後この傾向はさらに強まり、前述のような、恐慌期とその回復過程での工業部門、とりわけ重化学工業部門の著しい経済発展により、一九三五年では、工産物価額は全体の九七％近くを占め、一方の農産額は二％余りにまで落ち込むことになった。

そのような位置にあった農業ではあるが、その生産全体の中では、やはり米が最も大きな位置を占め、表5―5のように、一九二六年で全体農産物価額の六八・五％を占めていた。他の産品とは大きな差が生じているが、注目すべきは、蔬菜及び花卉が米に次ぐ産額を示し、麦などに水をあけていたことであろう。大消費地大阪を控えた都市近郊農業の特徴を良く示している。この特徴は、農業恐慌への対応過程でさらに強められていく。主要産物である米の生産額の落ち込みが激しく、三一年には二九年の五二％とほぼ半減、二六年からは六割減という惨落状態で、しかも翌年には回復傾向をみせるものの、三〇年水準に届かず、その後も大きな上向をみせず跛行的に推移していく。他の農産物についても三一年に底値を記録しを迎え、その打撃の深刻さは同様であったが、しかしいずれも米とは異なり、大きな落ち込みのまま回復できずにいたわけではなく、価額は落としながらも多くは横這いないしは回復基調の様相を示していた。特に、蔬菜及び花卉、果実などの園芸作物、さらには工芸作物なども価格低下はありながらも、収穫高を増やしつつ総生産額は維持ないしは上昇させていたのである。米価下落の打撃を都市近郊農村の特色を生かしつ

表 5-5　農産物価額総額に対する各作物の割合　(%)

年	米	麦	食用農産物	果実	蔬及花卉	工芸	その他
1926	68.55	6.16	2.36	5.46	14.52	1.82	2.95
1927	66.50	5.96	2.66	5.63	14.97	2.31	1.97
1928	63.20	5.80	2.60	7.10	17.40	2.50	1.40
1929	62.50	5.60	2.50	6.30	18.80	2.80	1.50
1930	59.80	4.80	2.70	8.10	19.80	3.10	1.70
1931	54.50	5.00	3.00	9.40	23.00	3.50	1.50
1932	62.40	3.90	2.60	7.60	19.00	3.00	1.45
1933	61.10	4.60	2.30	7.50	19.40	3.10	2.00
1934	62.90	6.10	2.40	5.00	19.00	3.10	1.50
1935	63.50	5.20	2.50	6.60	18.10	2.90	1.20

出所：「大阪市統計書」(『市史』) より作成。

つ、それら商品作物に力を入れ、少しでも克服しようとする動きとしてとらえられるのである。

この一方で、米の価額減は、米価下落のみの結果ではなく、実は作付反別の減少が背景としてあった。一九三〇年は全国的に豊作であったが、大阪でも摂津米、河内米、和泉米それぞれで収量増となったため、米価下落をより後押しする形で三一年は暴落し最低値を記録する。そのため、この年はすぐさま生産制限が実施され作付反別を減少させるが、その動きはこのときだけにとどまらず以後も一貫して継続する。それは、「大商工都市大阪を控えている府下農家は之へ容易に転向出来るから、潜在的農業恐慌の状態にある農村よりも、景気上昇の都市への転向の方が利得すること大であるから作付反別を縮小して賃金労働者として都市流出していった」[7]と考えられるのである。すなわち、後に仔細に検討するように、大商工都市大阪の近郊は、特に満州事変以後の軍需重化学工業化によるその部門の目覚ましい経済発展が、ほとんど無媒介で直接的に労働力移動に直結し、直線的に米作付に影響していったととらえられるのである。

そしてまた、そのことは労働力市場の問題にとどまらず、耕地そのものが縮小するという農業にとって致命的な事態に連動していった。府農会報の記事ということもあって、いくぶん農本主義的な色合いは濃いが、豊能郡のある農家は、府下の農業生産は工業に比べればその産額微々たるものであるが、「面積一五方里、三百万に近き人口、五万町歩の田、一万町歩の畑を有し、農産物約六千万円」(8)「特に主要農産物米に於て、約四千三百万円、麦に於て五百万円、園芸農産物に於て約一千万円を生産しつゝあり、他府県に比し相当の成績をあげているから」決して疎かにはできず、ことに米生産力に至っては全国の五か年平均反当一石九斗六升に対して、二石三斗二升二合は相当高位にあり誇るべきものであるが、府下農業は「近代的産業の影響をまともに受けて、農家の経済は維持していけない。第一都市の膨張につれて、日一日と肝腎の耕地そのものが減って行く」状態であり、「その程度は少々度外れている」といった有様であると慨嘆していた。このように、大阪農業は、恐慌及びその回復過程で、一部商品作物で危機乗り切りが図られながら、主作物の米は作付を減らし、労働力の賃労働者化も進み、また耕地そのものの減少もすでに進みつつあったのである。大都市近郊農村固有の恐慌回復期の現象ととらえることができよう。

第三節　恐慌回復過程の農工間格差と農業基盤への影響―労働力移動と耕地潰廃

それでは、工業、農業の以上のような状況を踏まえ、この時期の重化学工業の進展と都市の経済発展が、農業、農村にどのような影響を与えていたのか。先ず第一に、都市的発展と周辺農村の関係を良く示すことになる労働力移動の観点から検討を進めてみよう。

最初にこの時期の大阪市の人口動態について概観しておく。一九二〇年から五年ごとに行われた国勢調査の結果をみると、二〇年の約一七七万人が、二五年は二一一万人、三〇年は二四五万人、そして三五年は二、九九万人と、一五年間で約一、二二万人の増加となっていた。約一・七倍で、全国の人口増加がこの間一・二倍であったことを考えると、自然増の割合を三割と見積もってもこの増加割合は相当な数値といえる。また、その結果増えた人口の性別及び年齢別内訳は、「性別には全国に比し非常に高率な男子人口超過を示し、年齢別には之亦全国に比し男女とも所謂生産年齢階級に属する絶対に多数を占めている」[9]という特徴がはっきりと表れていた。すなわち、この一五年間で女子は、八三万人から一四〇万人へと約五七万人の増加であったのに対して、男子は九三万人から一五九万人と六六万人増加しており、その差は大きなものであった。また、増加人口の年齢別推計によると、三〇年の増加人口のうち、男子で、一五歳から一九歳が七万七、〇〇〇人、二〇歳から二四歳が八、〇〇〇人、二五歳から二九歳が四、〇〇〇人とされ、女子は、一五歳から一九歳が四万九、〇〇〇人、二〇歳から二四歳が一万九、〇〇〇人、二五歳から二九歳が四、〇〇〇人と算定され、その他の年齢層はなしかあってもわずかな人数であった。[10]そして、このような大規模な人口の移動は、大阪市だけではなく、周辺農村をも巻き込んでいた。すなわち、大阪市の都市的発展は、すでに一九二〇年代から急展開しており、労働市場を介して流入する移動人口は以後も着実にその数を増し、すでに飽和状態を来し、周辺農村への人口流入となって、この時期表に現れることになった。その様子を二〇年から三五年までの期間でみてみると、「最近一五ヶ年間に於て、増加の趨勢最も顕著なりしは中河内郡にして、昭和十年には増加指数二百二(大正九年基準)を数へ、豊能郡の百九十三之に次ぐ。反之増加の趨勢最も弱きは南河内郡の百二十八であって、他は何れも百五十前後を示す」[11]とあるように、まさに市周辺郡に人口増の傾向が顕著に見られた。同様に増加率をさらに仔細に検討すると、大阪市は、この一五年間の増加率は四七二%であったが、それを遥かに凌いで最も高かったのは中河内郡で一、〇二一%、次いで豊能郡九三〇%、三島郡七六四%、泉北郡五二三%と続き、いずれも市周辺の高率が目立っていた。この指数を用いて、さらに細かく町村別にその態様を検証してみると、指数一〇〇以下、すなわち人口減少町村と一〇〇～一〇九までのほぼ停滞的な町村は、「府下に於ても辺境にある農山村」あるいは「交通不便なる農村」に集中していた。一一〇～一四九に含まれる町村は、「普通農業が行はれる地域に位置する農村」が多く、一五〇～一九九の中には、「地方的中心小都市(衛星小都市)若しくはその郊村」が多く含まれていた。そして二〇〇以上は「名実ともに『衛星都市』としての体制を整へつゝあるもの」が多かったとされている。ちなみに、二〇〇以上となっていたのは全府の二一八か町村中二九町村を数え、特に三〇〇以上となっていたのは、三島郡吹田町、千里村、豊能郡池田町、豊中町、泉北郡大津町、中河内郡彌刀村、小坂町、布施町、北河内郡守口町の九か町村で、泉南郡と南河内郡には該当がなかった。大阪市への人口流入の飽和状態の結果、溢れた増加分を近隣町村が吸収している実情がうかがえるが、それは後にみるように市内への通勤人口の増加と密接な関係を持っていた。

このような急激な人口移動の主因が、流動する農業労働力にあったことはほぼ間違いないであろう。実際に、一九二〇年の府下二五〇の町村のうち、全村人口の四割から六割を農業者が占める町村は一九か町村、六割から八割を占める町村が一〇八、八割以上が一三で、ここまでで二〇〇か町村を数え、四割以下は五〇か町村であった。それが、一九三〇年には、町村数二四六に対して、四割から六割が一二か町村となり、六割以上は全くなくなり、代わりに多くが二割以下に集中するという大激変の様相を呈していた。「僅か十年の歳月の隔たりにも拘らずその変化の様相の余りにも甚だしいことを痛感せしめられる。之は近郊農村に於て総人口中の農業人口が絶対的にも相対的にも減少することを示すと同時に農村の一特徴たる職業上から見た同質性が都市近郊に於て次第にその影を失ひつゝあることを明らかにする」[12]ものであった。これを実数で示すと、一九二〇年に専業農家は五万六、七四五戸、兼業農家は三万四、八九九戸であったものが、一九三五年には、それぞれ五万二、九六六戸、二万七、九八四戸と減少し、その差は三、七七九戸、六、九一五戸となり、兼業農家を中心に専業農家でも相当数の減少を来していたことがわかる。

それでは、一九二〇年代から三〇年代半ばにかけてのこのような急激な農業労働力移動は、農村にどのような影響をもたらすことになったのであろうか。その点を少し立ち入って検討しておこう。この時期の大阪市近郊の場合は、前述したように大阪の都市的発展に伴なう、周辺農村からの農業労働力の都市流入という段階はすでに終わっていて、一つは、大阪市そのものの吸収力がすでに飽和状態に達していたことと、さらに一つは市内への交通手段の発達が著しかったことを理由に、[13]近郊農村の人口流入とその「衛星都市化」を促していた点に特徴があった。すなわち、この間、大阪市及びその周辺では以下のような事態が起こっていたと考えられるのである。

その増加人口はすでに稠密の度を超えたる市街地より漸次に市の周囲部に蝟集し来たり、さらに郊村に於ける営業の増加と工場増業設及び交通機関の整備拡大とその快速化は市民を郊外に導出するとともに他方近郊農村の在住者にして市内へ通勤するものゝ数及範囲を増加拡大せしめ、この交互に流動する人口交流によって都市と農村とは融然混和し、そこに人口三百万を包有する大阪市を中心として都市と郊村を打って一丸とする一大都市地域を構成する傾向あることを明らかにした。[14]

この通勤労働について、三〇年国勢調査時における調査では、日々村の外へ移動する人口は、府全体で約七万五、〇〇〇人（ただし、毎日一〇人以上が移動する町村のみを調査対象としている）、その移動先は、大阪市三万七、〇〇〇人、堺市四、七〇〇人、岸和田市二、七〇〇人、自郡内他町村へ二万八、〇〇〇人、他郡に一、四〇〇人、他府県へ一、五〇〇人となっており、大阪市周辺に発展的に展開した堺、岸和田、布施、豊中などの中小の衛星都市への移動があったことも確認できるが、やはり圧倒的な割合で大阪市への通勤型労働力移動が占めていたことがわかる。このことを念頭に、一四二か町村の通勤人数を郡市別に調べてみると、一村平均で男子二四五人、女子五八人、合計三〇三人となるが、一村当たりの人数が最も多かったのは豊能郡で七九八人、次いで三島郡四六四人、泉北郡三八二人と続く。さらに大阪市への移動人口の割合に絞って検証してみると、移動人口の七五％を占めた中河内郡がトップで、次いで豊能郡の七〇％、北河内郡の六三％がこれに続いている。泉北、泉南郡は、この割合では五％程度で何れも低位であったが、これは、堺、岸和田両市に移動する割合が高かったためであろう。

以上のように、通勤型労働移動がこの時期顕著な特徴として見られたが、その流出源と流入先はかなりはっきりと特定することができ、衛生都市の発展によるこれら労働力吸収は見られたものの、やはり流入先の太宗は大阪市であって、むしろ離村型、長期出稼型の労働移動ですでに満たされ、溢れた部分を、交通機関の発達などもあって通勤型労働として吸収している状況が看取されるのである。そのような通勤型である以上当然であるが、その供給源は、大阪市周辺の豊野、三島、中河内、北河内などの諸郡に集中し、一部を衛星都市的発展を示していた堺市や岸和田市が吸収するという格好をとっていたといえる。(15)

この通勤型労働者と農業者との関係をみると、聞き取りといういくぶん不安定な調査方法であるが、一九三七年の段階で、通勤者の内、農家出の者の割合が報告されている。それによると、九九か町村の調査対象に対して、一か村当たり通勤者中で農家出の労働者の割合が最も高かったのは南北河内郡で六七・五％、次いで中河内郡の六四・一％、泉南郡の五七・五％、三島郡の五六・八％と続き、豊能郡は低く二八％であった。「之はその回答町村の農村的色彩の濃淡農業人口の多寡等、当該町村の保持する性格の如何によりて左右さるゝところ多く、必ずしも之を以て、そのまゝ各郡夫々の実情に即応するとは断定し難い」(16)と注記があったように、すでに都市化が進み農業地域としての体をなしていない郡や、次第に大阪市や衛星都市の影響を強く受けながらも、未だ農村的特質を継続している地域との差が割合の差となって表れているといえる。それぞれの河内郡と豊野郡の違いなどがそれを象徴しているととらえることができよう。その点も踏まえて、さらに同調査によって明らかになった一二〇か町村対象の農家出の通勤労働者の自小作別をみると、小作が最も多く六一・七％、自作が二八・三％で、一〇％の割合で地主もいたことが報告されていた。一〇七か町村対象の年齢別調査をみると、男子は二五歳から三五歳が最も多く、女子は一八歳から二二歳の者が最も多かった。(17)これら通勤者は、それではどれほどの賃金を得ていたのであろう。この点について次にみてみよう。職種の違いや熟練、不熟練の差などで相当の開きがあり、必ずしも正確なデータとはいえないが、農家出だけでなく一般の通勤者も含めた各郡の平均で、一人当たり年五〇〇円から七〇〇円ぐらいという結果が出されていた。概して農家出の通勤者の場合は、これより低額になる場合が多いと注記されているが、どの程度かということについては言及がない。ただし、完全に農業を生業としつつ通勤型労働に出ている場合と、農業を営みながらも家族のうちの何人かが通勤労働を行っている場合、また、農業はほとんど自給部分のみで通勤の方に完全に重点を置いている場合で、農家出の通勤者を類型化し、生活の安定、向上を得ているものはどの部分かということを、九七か町村を対象に調査したところ、これも聞き取りで、なおかつその回答には相当多様性があって、正確さの判定は難しいが、農業を営みながらも家族の一員が通勤者として日々相応の額の収入を得ているものが最も安定的であるとの回答を寄せた町村が八一か町村、全体の八三・五%を占めていた。これはまた、そのような就業形態による通勤型労働の場合が、量的にも恐らく多くを占めていた実情を示してもいるであろう。

労働力市場の展開から見たこの時期の大阪の都市的発展は、以上のように凄まじい速さと威力で展開したが、農業基盤の側からもその点について検証しておこう。

農業恐慌の下、府内の農家も多額の負債に苦しめられることになった。しかしそれは必ずしもすべてに一様ではなく、すでに指摘したように、恐慌乗り切り策として商品作物へ傾斜する傾向が顕著であったことに示されているように、大消費地を後背に負った大阪に特徴的な対応も見られた。一九三一年に府農会技師は、この点について「所謂モダーンな経営をして居る農家即ち市民を相手にする商業的農家即ち都市に近接する農家には借金が少なくして、漸次都市を離るゝに従ってその率が多くなって居る」[18]とし、ただし、「勿論遠くとも果樹又は蔬菜其他の副業品の相当纏まったものを即ち名柄《(ママ)》品を産出しつゝある処は、少々遠くとも比較的借財は少ない」と報告していた。[19]これらはしかし、相対的な意味であって、米麦中心の農家よりはまだ少し打撃をかわしているといった程度で、経営にゆとりがあったわけではない。一九三一年の農家経済調査を元に、三島郡で主として稲作を中心とする自作、自小作、小作農七軒を対象としたサンプル調査では、[20] 九町近くを耕作する自作農家一軒のみが収支余剰を出しているだけで、残り六件はすべて赤字を計上していた。その中の多くの自作、自小作農が一〇〇円から二〇〇円前後の赤字となっていたのに対して、唯一蔬菜栽培を営んでいた農家が小作農でありながら、一七円という軽微な赤字であったことが目を引くところである。また、唯一黒字を出した自作農を含め、この小作農も、農業外収入が比較的高額で、それが農業収入の落ち込みを補っていたことも特徴的であった。つまり、商業的農業や兼業収入による補填が難しかった米麦を中心とした農家が、自小作別に関係なく総じて恐慌の打撃が大きく、負債を累積させていったと考えられるのである。

このような状況であったため、負債の累積と農業の不採算から経営の悪化を招き、農業から離脱する農業者の数も増えていった。すでに労働市場の展開で見たように、大阪市の恐慌回復過程での重化学工業化は凄まじく、一方の農村がこのような状態であったために、農業離脱は比較的容易に進行していったであろう。実際に農家戸数は、大阪市の商工業発展が顕著であった一九二〇年代から減少しはじめ、一時期の例外はあるものの、ほぼ一貫してその傾向を辿っていた。特に、一九三一年、三二年頃には加速され、大きな落ち込みをみせるのである。すなわち、一九一八年、九万一、六八二戸を数えた農家戸数は、漸減傾向を辿り、一九二二年には九万戸を割り込み、以後少し横ばい状態を続ける、農業恐慌に直撃された一九三一年に八万五、〇〇〇戸を下回り、その後はほぼ毎年一、〇〇〇戸を減らし、一九三五年には八万九四九戸、一九一八年の八八％にまで落ち込んだのである。これを耕地広狭別戸数で検証してみると、特に落ち込みの激しい一九二〇年前後と恐慌期では、五反未満、五反～一町層に減少の中心があった。ただし、傾向としては、一九二〇年代の減少期には、二町～三町、一町～二町層に比較的集中する傾向があり、そこからの落層が最下層にしわ寄せする形で全体の減少が起こっていたのに対して、恐慌期には一町層以下での減少、すなわち農業離脱が相当数にのぼっていた。これを自小作別にみると、一九二三年から一九三七年の推移で、自作農は、一時の増減はあったものの基本的には横ばい状態で、一万八、〇〇〇戸台で変動がなく、全体に占める割合も二一％でほぼ変化がなかった。自小作層は、一九二三年の二万三、一一三戸から一九三七年の二万四、六八五戸へと約一、五〇〇戸ほど増加しており、全体に占める割合も二六%から三一%へと高まっている。これらに対して小作層は二三年の四万六、一二七戸から三七年の三万三、二〇五戸へと約一万三、〇〇〇戸が減少し、全体に占める割合も五二%から四五%まで低下し、農家戸数全体の減少がこの部分にあったことが明瞭となる。前述のように専業・兼業別農家戸数の推移をみても、その減少傾向は明らかであり、専業農家からの地滑り的減少の結果、農家戸数全体が減っていった事情がうかがえ、やはり農業そのものの後退局面がはっきりと示されていた。

農家戸数のこのような減少は、農業者の農業離脱によって引き起こされたが、それは農地の移動の点からもうかがい知ることができる。先ず表5―2によって、この時期の耕地面積の推移を追ってみると、すでに一九二〇年代から減少傾向がはっきりと表れ、特に田については二〇年代後半に大きな落ち込みがあり、その後も減り続けるが、やはり農業恐慌以後、工業の早期の回復過程で、そのペースを速めていたことがわかる。そのことをさらに確認するために、作成したのが表5―3である。戦時期までもカバーした耕地潰廃状況をみると、農業恐慌後や本格的戦時期に、政策的な取り組みをうかがわせる開墾や荒地復旧などによって、耕地拡張が継続的に進められていたことが読み取れるが、その一方でそれを遥かに上回る規模と速度で耕地潰廃が進み、結果的に、連年耕地が減少していた状況がわかる。そして潰廃が主要には宅地あるいは工場などの建物敷地であり、道路、鉄道、軌道、河川、水道などの都市基盤整備と関わる事由と合わせれば、大阪市の都市的発展を理由とした農耕地の潰廃が圧倒的な規模と速度で進んでいたことが明らかとなり、農業基盤の壊滅的状況が目を覆うばかりであったことが見て取れる。

第四節　小括—急激な都市的発展と無媒介での農業への打撃

労働力市場の展開、すなわち労働力移動の態様について明らかにし、また農業部門の基本的諸指標によってこの時期の状況を読み取ってきたが、それらによれば、昭和恐慌期からその回復過程での大阪では、詰るところ、大阪市近郊はもとよりその外延地域まで、農業の産業としての存立基盤が掘り崩されている状況が明瞭にあらわれていた。それは、生産物価額や作付面積など、農業の基本的指標の推移でも概観できたことであるが、特にこの以前から続いていた大阪市の商工業都市としての著しい発展により、すでに近隣町村ではその激しい重圧の中で農業そのものが大幅に後退し、衛生都市化を含め、急激な都市化の進展があり、郡によってはすでに農業基盤そのものが著しく損なわれている地域があったことが明らかとなった。そのうえで、ここで対象とした時期の大阪市の軍需重化学工業を軸とした大きな経済発展は、その都市化の影響力を、より広い外延に向けて及ぼすとともに、一挙に都市化に転ずる多くの農村を短期間に生み出していったといえる。このような中では、都市と農村、工業と農業、そしてその媒介環は、といった立論そのものを不要にする一挙的な包摂が起こっていた。軍需に後押しされた急速な大阪の重化学工業化は、大規模な工場用地とそれにともなう交通機関、水利条件などの基盤整備を必要とし、当然大量の労働力需要を来し、そのための住宅用地はもとより、上下水道や交通機関など都市基盤の整備も急がれたのである。そしてすでに、それらについて、一九二〇年代に都市的機能が飽和状態になっていた大阪では、市の近接農村のみならず、それまでは遠隔と思われていた外延的地域にまで、そういった都市機能充実の風が吹き荒れることになった。その勢いは凄まじく、ある意味で、農工間の矛盾の顕在化といった悠長なテンポではなく、まさしく突風のような勢いで一方的に農村、農業を飲み込んでいったといえる。恐慌回復過程での軍需重化学工業化はまさしくそのような迫力を持っていたし、また、それ以前の第一次世界大戦以後にすでに軌道づけられていたこともあって、より加速度的に周辺農村を席捲していったのである。

その一方で、この事態には、農業恐慌の打撃に呻吟する農業、農村の側の事情も深く関わっていた。満州事変以後の準戦時体制のもとで、軍需を契機に、際立って早期に急激な立ち直りをみせた大阪工業とは対照的に、もともとその産業的基盤を弱体化していた農業は、一部で大消費地を後景に負った利点を生かして、乗り切りを図った面もあったものの、米、麦を中心とした昔ながらの多くの農家は、農産物価格の暴落による収支の悪化から立ち直れない中で、都市化の荒波に晒されることになった。その結果、急速に機能を高めた交通機関の整備などにも後押しされて、これまでになかった通勤型移動の手段を手に入れることで、より安定的で高収入が保障される都市労働市場[21]に吸引されていったのである。その際、農業従事者の減少のみならず、離村を前提に都市労働市場に包摂される、恐らく下層の農家が著増したことと相まって、農業労働を従として都市的産業を主とする農業者が、通勤型労働として多く移動した結果、農家戸数及び農業従事者の減少と、農耕地の潰廃という事態が表面化していったのである。

第六章　恐慌から戦時へと向かう農業・農村

はじめに

本章では、昭和恐慌期から戦時期にかけての農業・農村問題を取り扱う。その際、前作の拙著との関係で、そこでほとんど触れることのできなかったテーマを取り上げてみたい。

農業恐慌とそこからの回復過程では、農業への全国的関心が高まるなかで、農業・農村についてのさまざまな議論がなされ、分析、検討が行われた。ここで取り扱おうとしている農本主義的言説も、さまざまな形を取りながら世間に流布され、そしてまた、一定の影響力を持ったといえる。簡単にいって、農業危機を背景に農村問題が取り上げられ、また、その経済的窮乏が取り沙汰されることで、耳目を集めたのである。その中に、農本主義的な内容のものもかなり幅を利かせていたのである。本章で取り扱う言説もその代表的なものであったといえよう。

そこで、ここでは先ず、農本主義研究のこれまでの蓄積について整理をすることから始めよう。そしてそのうえで、小農経営についての位置付けが、どのように行われてきたかについて主として検証することを試みる。

その際、農本主義について取り上げる現在的な意味について少し触れておく必要があるが、多くの紙数を割けないので、ここでは差し当って二点のみ言及しておこう。

後述のようにすでに厚い研究史が蓄積される過程で、「農」の危機的状況への対応として、伝来的な農本主義が研究対象としてクローズアップされた時期があった。これも次に触れるが、体制イデオロギーとしての農本主義という基本的な骨格が相当以前から築き上げられていたこととの関係で、この時も問題のされ方が「農」の危機への警鐘として突き詰められた面が、むしろ正当に評価されなかった。代表的な例としては守田志郎の所論の多くが(1)、「農」の危機的状況がさらに深化し、もはや取り返しのつかないところまで行き着いた時に、初めてその真価が再評価されるような側面があった。それはつまり、農産物の自給率の問題や、産業としての農業の位置付けだけに留まらず、村落共同体が育んできた社会関係、また人間の「生」の根源である「食」の源としての「農」の在り方、そして、「農」の営みが果たした生態系や自然環境における役割などがトータルに問題にされなければならない状況のなかで、農本主義の意味が問われることになったことを示している。その点からいえば、今日こそまさに、バイオテクノロジーの急速な進展のなかで、産業としての農業の構造そのものが変容し、そのために「農」そのものが何を継承し、発展させるべきかが問われているといえる。それはまた、「農」の生産体系を基礎に成り立ってきた社会関係や自然と取り結ぶ関係がどのような変容をとげ、またその行く末に未来があるのかどうかが見定められなければならないといえる。そういった枠組みのなかで、これまでの農本主義の特性も位置づけられる必要があると考える。

もう一点は、まったく異なった角度からの視点であるが、戦前ファシズム期の構造把握のなかで、この農本主義の果たした役割について、検討し尽くされたと考えて良いかどうかの問題である。その点を踏まえて、先ず研究史整理を行うのが本章の課題であるが、特に、いち早く定着した体制イデオロギーとしての農本主義の、思想体系としての本質理解が重要なことはいうまでもなく、実際にその点での研究史には相当の蓄積があることは周知のことである。しかし、それが何故体制イデオロギーとしての役割を果たすことが可能であったかの吟味は、必ずしも十分ではないように思える。とりわけ、狂信的に農村民を動員した昭和恐慌期の運動化した動きの位置付けだけでなく、より幅広く自力更生運動の一環として取り組まれた農業経営改善の運動との関係を精査し、地主的土地所有の問題を焦点からはずしたうえでの経営危機対応策として、例え幻想的であれ、多くの小農民をとらえていったメカニズムについてさらに検討を深める必要があると考えるのである。(2)

第一節　農本主義研究の蓄積

一　これまでの農本主義研究

農本主義という言葉は、その使用の範囲が余りに広く、かつ多様であり過ぎるために、特にイメージ的な理解の幅まで広げるとその定義付けに相当苦労する歴史的用語である。「農は国の基」というレトリックが国家主義的に喧伝され、国民統合を有効に進めるために使われた時代が長かったために、その思想的背景が反動的な潮流のなかで理解され、位置づけられてきた経緯がある。また、農業、農村の側から、その利害を主張し、あるいは、自らを防衛するために盛んに使用された側面も強く、農業関係の多くの活字媒体を埋め尽くさんばかりに煽情的に濫用された時期もあった。[3] 資本主義と農業が矛盾と軋轢を孕みながら、資本主義の農業への圧迫が加速されつつも、しかし、初発から終末まで、その両者の力関係、位置関係とそこに介在する問題点が最終的に解消されることなく推移した、近代の特殊日本的特徴が、このような思想的潮流を、特に政治権力上の必須要素として歴史の流れの中に押し出していったといえる。そのために、その思想的潮流の本質を明らかにしておくことは、日本の近代化過程の把握にとって重要な意味を持つわけである。そして、実際に、主としてそのような視点から、多くの研究が積まれ、論点が提出されてきた。しかし、この思想的潮流が、特に、資本主義の飛躍的な経済発展が顕著な形であらわれた一九二〇年代以降、鉱工業生産指数の大幅な伸びと都市の肥大化の一方で、停滞的な生産力水準と依然として重く圧し掛かる地主的土地所有の圧力、そしてそのようななかで喘ぐ農村民に、ほぼ一様に、資本主義に厚く農業に薄く展開されていると認識された政策体系のもとで、奔流のように歴史の表舞台を駆け巡った事実を考える時、そしてそれが、農業経営論として提起され、恐慌下では、その延長線上の分村移民論として時の侵略主義と転輸し、最終的には戦時下の適正経営規模論に集約されていく経過を考えた時、そのような視点に十分注意が払われてきたかを再度検証しておく必要があるのではないかと考える。(4)

そこで、本章では、戦前・戦後の農本主義について、これまで論争的に積み上げられてきた、厚みある研究史を振り返ることからはじめ、その成果の再確認と論点整理を通して、あらためて再照射すべき問題点を明らかにすることを試みたい。(5)

農本主義についての研究は、すでに戦前に先鞭がつけられており、資本主義の生成・確立・発展の過程でも半封建的なシステムが残存し続けた日本固有の特徴を規定する思想的背景として、それを捉えようとする見解が提起され、その後の研究の方向性を軌道づけた感があった。(6)むしろ、これ以後の農本主義研究の太く強い線が定式化されていく流れがこの時点で生み出されたことが、研究史上の力点の置かれ方という点で、一定の問題性を孕む結果に結びついたといえるかも知れない。農本主義が、天皇制の国民統合システムの根幹をなしていた地主制を、体制として支える強固なイデオロギー的支柱として、いち早く定型化されたことの意義と問題性を明らかにしておくことが必要であろうと考えるのである。

この点については、また後に詳しく触れるが、そのようにして出発点を得た農本主義思想に関する研究は、戦後しばらくして、資本主義の著しい経済発展が準備されつつあった一九五〇年代末から本格的に取り上げられるようになった。戦後改革の重要な一環であった農地改革が、寄生地主制を解体したことにより、その後の農業、農村の構造にどのような意味を持ったかという検証が目指されたと考えられるが、一方で、農地改革以後も存続している小農経営の特質とその将来的展望を見通すことも視野におさめられていたといえるかも知れない。寄生地主制を体制的に支えた戦前の小農経営を、農本主義は基幹的な農業経営として措定し、その役割を重視していたわけであるから、戦後におけるその存続状況と先行きを検討する際にも、その裏付けとしての農本主義の評価が欠かせないと考えられたのである。(7) しかし、この視点からの検討がどれほど深められたかについては、あらためて検証されなければならないであろう。

農本主義が、半封建的地主制の温床であり、天皇制の国家統合の重要な装置であるとする見解は、すでに戦前において提起されていたのであるが、それをほぼ確定的なものとした丸山眞男の所論が打ち出されたのもこの時期である。(8) その一方で、政治構造における権力関係の問題としてこの思想の社会的背景をとらえ、その機能を裁断するのではなく、日本的思想、人々の生活観、人生観に根差したより根源的な部分に作用を与えた意味を問い直すべきとするアプローチが提起された。まさに「農」が「本」であるとする時の「農」に含まれた意味を相対的に広義にとらえ直そうとする試みといえる。(9) そのようなアプローチと軌を一にする形で、安達生恒の所論が提起された。安達も農本主義を単なる封建的な構造を支えるイデオロギーとして国家統合の問題からのみ照射することに異を唱え、特に、その受容基盤である農村の在り様、農民の精神的基層といった部分への着目を強調し、郷土主義という表現を用いて、村落共同体としての思考様式が、農民の伝統的な思想形成にとって必須であり、そのことと農本主義との連関を明らかにすることの重要性を指摘する。この指摘が農本主義思想の本質に迫る有効な視点であるかどうかの吟味は、今後も多角的に行われなければならないが、少なくとも、戦前農本主義の形質的特徴として、多分にその要素が認められることはほぼ共通理解に達しているといえよう。

次に農本主義が大きく取り上げられたのは、戦後日本の資本主義が大きな経済発展をとげた高度経済成長期直後の時期であった。高度成長期は、重化学工業を中心とした経済成長政策のもとで、農業、農村は大量の低賃金労働力の供給源と位置づけられ、農家労働力が大幅に減少し、それまでの経営構造が転換を迫られることになった。また、経営内容においても、都市化の急激な進展による食生活の変容と大量消費に見合った「選択的拡大」と、他方での貿易自由化による麦、穀類、大豆をはじめとした輸入依存作物の「選択的縮小」が図られるなかで、それまでの農業、農村の様相が大きく変化を遂げた時期であった。これらに対応する形で展開された、いわゆる基本法農政のプラス面とマイナス面が真剣に議論の対象となり、今後の農業の見通しが検討されていた時に、農本主義研究についても新たな角度から論点が提起されることになったのである。農業基盤が掘り崩され、農地改革後の小農経営の改編が政策的に推し進められるなかで、戦前的な様相をも継承しながら、なおもその根底に横たわっていた村落共同体的関係が果たしてきた役割についてあらためて注意が向けられ、その功罪が再検討課題として取り上げられたのである。この時期最も精力的に研究成果を世に問うた一人である綱沢満昭は、天皇制研究のこれまでの方法を批判することにより、農本主義思想のより深部への到達を図ろうとした。すなわち、天皇制の権力基盤を追求する従来の手法は、「天皇制をして暴力装置の機構としてのみ認識するという傾向をつくりだし、天皇制のはらんでいる自然な『心性』に触れることを看過する結果を生んでいった」とし、それがために農本主義思想についても「当てられた照明があまりにも一面的すぎていた」点を問題にしたのである。そして、「思想の持つ多元性を認める」とともに、「変革の論理との関連性」を重視し、「近代日本の知識人たちのごくひよわな合理主義の精神」のみにそれを求めていくことを批判した。[10]そのうえで、「近代主義者によって、ファシスト、反動主義者、あるいはそれらの走狗として一方的に否定されてきた権藤成卿や橘孝三郎、それに山崎延吉、加藤完治などを拾い上げ、彼らの持つ情念を問う」[11]作業を積み重ねていったのである。

その後、現在にいたる農業を取り巻く状況の凄まじい変貌のなかで、農本主義の根底を流れる共同体的関係とそこにおける精神的紐帯といったものへの価値意識は、また異なった意味で見直され、再評価されていくところがあった。[12]

二　農本主義研究史上の問題点

以上のように、戦前に端を発した農本主義研究の道筋をたどってみると、そこには初発の定型に示された、天皇制研究の一環としての農本主義思想の位置付けを軸に、その再検証と一方における批判の潮流の二つの道筋を読み取ることができる。[13]

大きな流れとしてそれを確認したうえで、冒頭に記した課題意識との関わりでそのことの問題性を再確認しておこう。その場合、農本主義研究の最新の労作である『戦前期ペザンティズムの系譜』の以下のような部分を取り上げるとわかりやすいかも知れない。[14]この著者は、時々の思想的潮流を考察する視点として、「事実としての思想」という位置付けを重視する。それは「現実に働きかけるものとしての思想であり、ある思想が何を課題として自らに課し、それを具体的な時代状況のなかでどう解こうとしたのか、または解かなかったかを検証することである」[15]として、農本主義について、「従来の研究においては、その見直しを主張する研究を含めて、あまりにも政治的イデオロギー的側面に重点を置きすぎていたのではないであろうか」と指摘する。農本主義研究の政治的イデオロギーへの傾きという点では、まさにその通りで、戦前の定式化が戦後いち早く丸山眞男の図式のなかで確立することによって固着し、その軸の元に研究が蓄積された経緯はすでに概観したところである。しかし、著者はその点を批判する余り、実在した思想の実在性とその社会的機能の検証—事実としての確認に振り子が振れすぎてしまっているように思える。農本主義の反動性や侵略主義、体制維持機能について明瞭にしたうえで、それがどのようなメカニズムのもとで農村民の合意形成に預かって力があったかを検証することが重要であって、反動思想を持って農本主義の要件とすることに疑義を呈して、その実相を検証することが重要なのではなく、権力にかすめとられたものであれ、そこに内在する反動性が、なぜ時代の有力な思潮として多くの人々に受容され、満州移民を典型とした実際的な行動の規範として機能し得たのかを検証することこそが重要であろうと考える。

第二節　小農経営論の分析視角—斎藤之男の視点

このようにみてきた時、これまでの研究史上で、小農経営論を分析の機軸に据えて、戦前農本主義の綿密な検討を行った斎藤之男の研究には注目すべきであろう。[16]その理由を、先ずは斎藤自らの研究史整理の中に見出しておこう。

斎藤之男は、農本主義研究には二つの系列があるとする。そして、その「第一の系列は、農本主義を絶対主義天皇制・半封建的地主制を支え擁護するところの、権力側から農民に対して鼓吹された思想とみる」見方で、「すなわち、『農本理念は天皇制イデオロギーの体系』の一つであり、『天皇制国家と結びついた日本独自の思想』で、その本質は天皇制権力側の農民統合のイデオロギー的手段たることにある」とする。農本主義を政治的状況・政治的機能に着目して解明する手法で、これが「農本主義論の正道」であるとし、桜井武雄をその代表と位置づけ、[17]この性格規定からする農本主義は、戦後には存在しないことになると説く。

これに対して「第二の系列は、第一の系列に見られる『権力的把握のみに終始する裁断法』という従来の農本主義研究の『定型』を破り、農本主義を農政思想強化イデオロギーとしてでなく、先ず思想として内在的に捉えようとする」見方として位置づける。そして、この見方は、「農本思想を伝統的発想法と関連づけることによって」理解しようとする方向性を持ち、「その形成・構造・特質を解明し、その積極面を認める」ことに繋がるとするのである。このとらえ方によれば、農本主義は戦後においても存在することになるとし、こちらの代表格を安達生恒に見出そうとするのである。[18]

斎藤之男のこの研究史整理は、もとより本書刊行の一九七六年段階のものであり、それ以後の研究史の深化は、すでに概観したように、このような二項対立的な構図を取り続けたわけではない。しかし、ここで着目しておきたいのは、斎藤がこのような整理の上に立って、自らの立脚点を次のように導き、またその視点に立って進めた分析の成果についてである。

斎藤之男は上述のような研究史整理のうえで、「筆者は農本主義研究の視角としては第二の系列に賛同したい」とし、その理由を以下のように説明する。すなわち、「農本主義が農政思想・教化イデオロギーとなりえたのは、この思想が大衆（被治者）の自然発生的な感覚→意識を内在していたからであり、権力側の思想と被治者の思想の両者に何らかの連携がなければ農政思想としての機能は発揮できないはずである」と。そして「それ故農本主義研究の基本的課題は、その思想的根拠を問い詰め、その思想を自覚的に捉えることにある」として、橘孝三郎の思想と行動に分け入っていこうとするのである。

権力の側と被治者の側の間の連携といい、また課題追求を思想的根拠の探求とし、その思想を自覚的に捉えるとする辺りには、多分に曖昧さを残していると思われるが、しかし、農本主義を被治者の内在的意識との連携で捉えようとする視点は重要であり、この思想的潮流がどのようにその時代とマッチしたのかを追求する姿勢として評価できよう。

第三節　家族的小農経営の措定

この視点に立って斎藤之男は、第一章で、橘孝三郎の『家族的独立小農法』の詳細な分析を試みる。その際次のような位置づけを行っている。すなわち、「これまで多くの論者によって超国家主義思想の一つとして大観的に位置づけられてきた」橘の思想に対する見直しが行われて来てはいるが、戦前・戦後の研究において、この書を取り上げての言及が全く見出されないことを指摘する。そのうえで、「橘の農本主義思想の構成のなかで、家族的独立小農が重要な環節となっていることは、他の諸著述・論文からも明確に読みとれるが、このことが却って禍してか、あるいは既存の概念によってこの小農を処理できると簡単に考えてか、いまだかつて彼の小農経営の内容を問うたことはないのである」とその理由について解析し、この「研究の空隙」を埋めることを課題として設定するのである。

ここには、戦前農本主義に内在する反動性が、なぜ時代の有力な思潮として多くの人々に受容され、機能し得たのかを解くてがかりがあると考えられる。「権力にかすめとられた」形ではあれ、また、ほとんど実体を欠いた幻想的なレベルであったとはいえ、実際に人々を大量に動員し得た要素を、農本主義のどの部分に見出していくかという論点にとって、重要な指摘であるといえるのである。そこで、以下では、本書の分析を追いながら、その点がどこまで掘り下げられたのかを検討しよう。

橘孝三郎は独立小農経営を農業生産の基本的形態として重視し、農業生産基盤の基幹的部分をこの経営が担うことによって、生産構造においても共同体維持、延いては秩序維持においても安定的な構造が得られると考える。そして、その独立小農経営の基本形を以下のようなものとして措定する。

独立した家族労作経営が前提で、自家労働力を賃労働者として燃焼することなく、また他の賃労働力を経営に導入することなく、生活必需品の大部分と基幹的生産手段のほとんどをその労働条件で充足することができる経営であること。そして、当時の資本主義と農業、換言すれば肥大化する消費市場である都市と農村の関係を睨みながらも、しかし、市場経済に踏み込むのではなく、自給化を基本に据えたうえで、可能な限りの経済合理性を追求する経営であることが主要な内容であった。

その具体的な経営形態は、夫婦を軸に親一人、子ども三人の三世代六人家族を一ユニットとし、畑作農家の場合、経営規模一町六反、陸稲、大麦、小麦を主要に作付け、乳牛三頭、肉牛一頭、豚五頭、鶏五〇羽の畜産部分と有機的な連携を持った経営を典型として設定する。

この場合の家族構成は、経営にとって必要な労働力量とまたその質から割り出され、男子労働力量を一とした場合に、女子はその七割、老人、子どもは三割に相当すると考えられ、有畜経営を備えた経営内容との関係では、労働の質としての婦女子の労働の適合性が、単に量的な数合わせではなく要素として組み込まれている。労働配置を勘案したうえでの家族労作経営が基本とされていたのである。耕地の形態は、畑作を前提としているので、区画整理された長形の一反ごとの畑地一六枚が想定され、宅地、自家菜園などを除き、車道で区分けされ、農耕、施肥の効率化と輪作による地力維持が計算されている。ここで割り出された経営面積は、先の家族構成に見合って想定される労働力量、とりわけ農繁期に投下し、最も効率的に燃焼してその成果をあげることのできる広さとして設定されている。農繁期を完全燃焼により乗り切り、農閑期にあって余剰労働力として空費される部分を最低限におさえ、トータルとして最も無駄のない労働効率をあげる家族員数が最適人数として割り出されている。単位当たり農業労働力の生産性を問題にし、その視点で適正経営規模が措定されている形跡は見当たらないが、最も効率のよい家族労作経営という観点は、後の適正経営規模の考え方と通じるものがあり、諸前提の立て方によって異動はあるものの、数値的に一致する可能性が高いと思われる。この点は、さらに検証を重ねる必要があり、今後の課題としておきたいが、少なくとも、家族労働の完全燃焼による最も高い生産性に適合的な経営規模を措定しようとする点で、その共通性には着目しておく必要があるであろう。ちなみに、ここでは畑作を念頭に経営面積が割り出されているが、これを主穀水田地帯に当てはめると、水田六反、畑地六反の計一町二反の経営規模が見込まれることになる。

作付作物の内容については、有畜経営の効率性、食糧自給の必要性などが要素として加えられたうえで、主穀である陸稲、大麦、小麦を中心に、自給飼料との関係で燕麦、とうもろこし、馬鈴薯などが、そして食糧自給との関係では、じゃがいも、大根、大豆、蔬菜などを時期ごとに生産ラインに乗せることが計画されている。ここにおいても、生産基盤である土地の有効利用と、投下労働の質と量が勘案されていることはいうまでもない。桑園は一定程度確保されているが、煙草や工芸作物はほとんど作付計画に盛り込まれていない。

食糧、飼料の自給化が基本にあって、商品作物の栽培はむしろ排除されているといえる。農業恐慌期の農家経営の逼迫については、さまざまな角度から分析され、その原因が追求されたが、特にこの時期の繭価の惨落とそれが農家収益に甚大な被害を与えたことが問題にされる場合が少なくなかった。資本主義の発展のなかで展開する市場経済に対応する形で、とりわけ明治初年以来堅調を続けていた生糸輸出に乗って、全国農家の四割近くが養蚕経営を農業経営の重要な一環として組み込む状態が続いた。そのため商品作物への依存が恐慌被害をより深刻にしたとする論調が強まり、農業経営の自給化が高唱された時代背景が、この作付計画に反映されていたといえる。

さらにこの作付計画は、一年に三作、三年輪作、そして休閑の繰り返しを想定し、その順序および組み合わせも、地味の程度、耕土の深浅、乾燥の程度などを斟酌して決定されている。作物による投下労働力量と人手のやりくりにおける季節の繁閑が計算されていることはいうまでもない。

次に家畜飼養がどのように農業経営と関連づけられているかをみておく。恐慌期の農家経営破綻の大きな要因として、販売肥料への依存が指摘され、堆厩肥を中心とした自給肥料への転換が声高に叫ばれたことは良く知られている。家畜飼養の目的の第一は、この厩肥の自給にあった。そして家畜飼料にとうもろこしを中心とした畑作物を当てることによって、耕地の肥沃度を増すことができるとされた。家畜飼料の栽培によって耕地が肥え、それによって家畜が成育し、それが農作物を豊かにする厩肥を供給するという循環が、まさに経営の合理性の最たるものとして称揚されたのである。

家畜飼養の利点の第二は、畜力利用による耕起、除草、諸物の運搬における効率性である。そして第三は、労働力分配の効率性であり、特に婦女子労働の有効活用の途として、小型家禽の飼養の有効性が強調された。

第四節　基本経営における生産力と経営収支

このような経営形態は、単に理想型として理論上措定されているわけではない。対象地としている茨城県内の諸生産指数をベースにしつつ、いくつかの実際の農家サンプルを土台にして設計されている。同様のやり方で、この基本経営によって見込まれる生産高、すなわち生産力の結果が作物ごとに想定されるが、それらはおおむね県水準を上回る場合が多かった。陸稲の場合、県内では反当収量一・二石が高い水準であったが、これは一・五石が見込まれている。同じように大麦二・一石に対して三石、小麦で一・三石に対して二・二石が想定されるといった具合に、ほぼすべての作物で高い生産力確保が想定されていた。

この背景には、労働力の有機的な配分と効率的投下が前提されており、その達成によって高位生産力の確保を可能にしうるとの見通しに基づいていた。また、生産技術の向上、とりわけ肥培管理と除草等を適切に行うことが前提であったこともいうまでもない。

特にここで注目しておきたいのは、作物別の労働力分配と投下労働力量の案分について、仔細な検討がなされ、一労働当たりの生産量が割り出しの基本になっていたことである。一家族労働単位が労働力総量の基本であるので、問題はその最高度に効率良い燃焼を如何に実現し、有効適切な労働力配分と相俟って、一労働当たりの生産力をどれほどに高められるかが最も重視されたのである。さらにそれに加え、労働時間の延長と労働の強度化が要素として加味されることによって、高位生産力の実現が見通されていたのである。

ここにさらに、機械力、畜力の共同利用を軸とした共同作業の要素が加えられる。例えば脱穀作業にあっては、千歯扱、足踏脱穀機、畜力利用、石油発動機による動力脱穀機それぞれの反当所要労働は、四・三、一・八、〇・六、〇・六で、畜力あるいは動力脱穀機の導入が、労働の生産性においてどれほどの好結果を生むかは明らかであるとされる。そして、これら畜力や動力の組合的共同利用による導入が、経営の重要な要素として盛り込まれたのである。橘孝三郎の試算によれば、一家族労働単位の個別作業でこなした時の陸稲の反当脱穀は一・五日、大麦は二日、小麦は一・五日を要するのに対して、動力による共同作業は十数倍の能率をあげることができるとされていた。動力脱穀機のような、最先端技術の導入はこれだけにとどまらず、他の農具や施肥などでも積極的に図られ、それらがもたらす生産性の向上が先の経営成果に反映されると考えられていたのである。

この他、施肥法の改善や家畜飼養による経営の有畜多角化等についても、経営総体での労働の分配と経営効率の向上を目指すべくさまざまな改善が提起されているが、ここでは紙数の関係上これ以上言及することはできない。

この一方、基本経営における消費生活についてはどのように想定されていたであろうか。食水準に関しては、当時の一般的な農家の消費量を上回る設定がなされており、その意味で、食生活の充実度は高く、都市近郊居住者の平均摂取カロリーをも凌ぐ量が想定されていた。労働の源泉である食の比重が高かったというだけでなく、自給自足の原則に立って、主食原料たる穀類、イモ類への食生活の依存が大きかったために、必然的に摂取カロリー量の増加に結びついている側面があった。ただし、この場合でも、例えばパン食を一日の献立の中に盛り込むなど、当時としては斬新な食生活プランがたてられていた。ここにはいくぶん、都市憧憬の表徴といった側面もあったかも知れないが、もとより主目的は、カロリー摂取の効率性において穀類よりパンの方が勝っており、また、小麦製粉の際に入手できる「ふすま」が家畜飼料として有効利用できるという、経営の有機的連関を踏まえた合理性から発していた点が重要であろう。主食についても、陸稲を中心とした自家生産、自家消費が原則として掲げられているが、陸稲は旱魃に弱く生産量が不安定であり、そこに経営を集中することは危険分散のための多角化の方針とは相容れない。そこでジャガイモを主としたイモ類の経営量を増やすことが計画されていた点なども同様であって、経営の合理化、多角化と消費生活の改善が、すくなくともプランのうえでは結びつきを持って構想されていた。

さて、それではこれらの生産と消費の結果としての経営収支はどのように計算されていたのであろうか。仔細に触れる余裕はないが、結論的にいうと、基本経営にあっては、小作農経営はもとより、自作農経営においても収支バランスはマイナスであり、しかもかなりの欠損が生じる結果となっていた。その最大の要因は、基本経営は独立した家族労作経営が原則であり、収入、支出の総体は農業内で完結することが前提であった。これは、すなわち農外収入そのものを想定しないことを意味しており、「外界」である資本主義との関係性を切断したところにそもそも成り立っている、あるいは成り立たせることを前提している農本主義の農本主義たる特性に由来する。

収支バランスがマイナスを計上するもう一つの大きな要因を、措定されたバランスシートから読み取ると、自作地創設ないしは拡充に向けての借入金の導入によってもたらされていることがわかる。独立した家族労作経営の基本は自作農主義であって、小作料支出を経営から排除することが、目指されるべき課題として設定されていたことはいうまでもなく、そのための資金調達が重要な支出項目として組み込まれざるをえなかった。主として農工銀行からの低利資金融通が想定されているが、ここでは、とりわけ小作経営にあっては小作料の支出全体に占める割合の高さが問題にされながら、その解決の方向は自作地創設に向けられ、そのための借入金が実は高利であることが指摘される。そして、農工銀行が農業者のための金融機関ではなく、利を貪ることに汲々として恬として恥じるところのない、資本主義の側の組織として位置づけられるのである。

これらによって、あり得べき農家経営と現実のギャップが明確に描き出され、その懸隔を埋めるべき方途が模索されていくなかで、農本主義の現実「改革」に向けての方向性が定められていったのである。

第五節　小括

以上のように、斎藤之男の研究に拠りながら、橘孝三郎の農本主義における独立小農経営の基本構造をみてきた。ここで取り扱うことができたのは、その一部分に過ぎず、特に経営規模そのものの捉えかたや営農形態の細部にわたる検討は今後の課題とせざるをえなかったが、本章で主要に問題にしようとした斎藤の研究視角、すなわち、「農本主義が農政思想・教化イデオロギーとなりえたのは、この思想が大衆（被治者）の自然発生的な感覚↓意識を内在していたからであり、権力側の思想と被治者の思想の両者に何らかの連携がなければ農政思想としての機能は発揮できないはずである」という視点との関係で必要な、一応の概観はできたと考える。斎藤はこのような視点から、橘によって措定された基本経営の内容を検証したわけであるが、彼自身が指摘するように、それまでの農本主義の研究史にあって、経営論を土台とした検証をもとに、農本主義の当代における影響力、一般農民への伝播性、浸潤の度合いを検討しようとする試みはほとんど進展していなかった。そして、その意味では、これ以後も、必ずしもそれらについて十分な蓄積が進められたとはいえないのである。また、斎藤の研究においても、農本主義の伝播性や浸潤の度合いについての検証が成功をおさめているとは必ずしも評価できない。ここで対象とした『日本農本主義研究』においても、基本経営の特徴等についての仔細な検討は為されており、それが橘においてどのような立論から、またどのような思想的な淵源から問題にされているかについては説得的に論証されているが、そのことの当該時期における実質的な影響力の分析には紙数は十分割かれておらず、補論的に扱われているに過ぎないのである。

すでに指摘しておいたように、独立の家族労作経営という小農論の重要なポイントの第一は、日本近代の私的土地所有制の根幹に触れることなく、農業生産力基盤の安定、延いては農業生産の安定を達成しようとする、問題設定におけるそもそもの前提の立て方にあった。[19] ここで対象とした橘孝三郎の基本経営においてもその点は同様である。地主制を所与の前提として、そこに手を加えることを回避したところから出発しているが故に、つまり農本主義は地主制擁護の体制イデオロギーとしての特徴を持つことになったのである。

このことは、研究史において強調されてきたように、農本主義の重要な一面であるが、一方で、当時の現実感覚とある程度の親和性を持っていた点も着目しておく必要があろう。これも政策的な観点からすでに指摘しておいたが、昭和恐慌以後の、中小地主も含めた農村の全般的危機状況のなかでは、政策そのものも一九二〇年代的農政基調を踏襲するこができず、農地政策的なアプローチを、水面下ではともかく、表面的には取りうる基盤を失っていた。昭和恐慌は在村の地主層にとっても深刻な経済的打撃であり、その土地所有に手をつけたり、あるいは、小片の土地をめぐる当時の土地取り上げ争議に対して、地主制約的に対処する前提は失われていた。在村中小地主の経済的没落と在村における政治的リーダーシップの減退は、即座に農村秩序そのものの動揺を招く危険があったからである。地主制を改変することなく農業危機に対応しなければならないことは、当時の客観情勢として、政策側でも在村でも、認識の違いの差はあれ、ある程度共通基盤を持っていたといえる。農本主義の提起した小農論とそこにおける基本経営の構想は、前提として、当時の情勢との整合性を持っていたと考えられるのである。

そのうえで、「農」を「本」とすることの重要性を高唱し、反産業組合的、反資本主義的レトリックのなかで、先ずは農村の即時救済と、その後の重農主義的施策の実現を呼号する煽情的な直接行動に収斂していく一面ではなく、より地に足がついた形で、それ以後も農村民の意識に深く根差していった部分があるとすれば、その点について、ここで問題とした基本経営を軸に展開された小農論の役割について、より仔細な検証が必要だと考える。これが第二のポイントであり、農本主義が、第一のポイントのように、危機対応の方向性を、それを見出す前提を自ら隘路として設定したうえでのことではあるが、直接生産者の経営問題によって解こうとしたことが重要である。これは後々、戦時下固有の政策課題として農業生産とりわけ食糧生産の増強が求められた時、その終局的なプランが適正経営規模論に帰結していくことと無関係ではないであろう。土地所有に直接手を触れず、少ない労働力量で、生産の増強を果たさなければならないという客観情勢のなかで、自作農創設との併置により構想された適正経営規模論が、現象面でのこととはいえ、戦後農地改革後の零細自作農体制に結びついていった流れをやはり軽視できないのではないであろうか。それはまた、農村民にとっても、そのような経営の在り方がどこかで受容されていく基盤を持っていたことを意味しており、農本主義の有効性、生命力といらたことを問題にする時の一つの鍵になるであろう。

そのうえで、農本主義によって提起された経営論を問題にする時のポイントの第三は、そこで措定された諸要素とそれらの「有機的連関」や「合理性」についての主張の内実をどのように評価するかという問題である。提起された経営内容が現実的であるか、幻想的であるかの吟味が必要であり、前者であるとすれば、当時の農村民への影響力は真摯に検証されなければならないし、後者に近いとすれば、振り撒かれた幻想性が影響を与え得たのは何故かという観点から当該時期の農村が検討されなければならない。黒字主義適正経営規模の場合にも共通していたが、いずれの提起にもサンプル事例の提示があった。つまり、現実に存在する小農経営の実例に即して想定が成されており、その点で一定のリアリティが醸し出されている。そして、米価、繭価をはじめとする農産物価格、消費物価、あるいは農業生産力水準や小作料率なども実際の数値が用いられ、収支バランスなどが検討される。しかし、常に注意を払って吟味されなければならないのは、そのようなサンプル事例から基本経営が導き出される際に用いられる独特の係数的要素と、その前提として目指されている方向性である。自給自足主義、商品経済との分化、共同体的協同関係の偏重、あるいは資本主義との接点を極力排除しようとする志向性などが、先ず向かうべき方向性として設定されたうえで、そこに行き着く経営のモデル化が行われるなかで、結論に導くための係数が設けられていく場合が往々にして目につくのである。つまり、すでに想定された答えに向かって現実の経営を当てはめていくための独特の計算式が編まれ、その結果としてモデル経営が措定されており、その意味で科学性を欠いた恣意的な手法といわざるをえない場合が多いのである。それは、作業仮説といった科学的検証の一手段とは到底いえず、そのため現実との乖離を生み出さざるをえない。そこで、その乖離を埋めるべく、例えば、黒字主義適正経営規模論にあっては、分村移民という強引な手段で経営規模の適正化を図るという手法に行き着くことになるのである。この点を問題にする時の検討の主眼は、導き出す手法の恣意性や非科学性を跡づけることだけではなく、むしろそのような内実であったにもかかわらず、それでも何故、その主張や提起された小農経営が、理想的な農業経営として農村民の琴線に触れ、人々に、それを目指す行動を起こさせるまでに影響を与え得たのかをま実証的に明らかにしていくことであろう。

第七章　準戦時期の農本主義

はじめに

本章では、満州事変の勃発から一九三七年の日中戦争全面化に至る、いわゆる準戦時期における国民統合の強化の過程で、農本主義的な思潮が農村民にどのような影響を与え、農村統合にいかなる役割を果たしたかについて、特に経営的中堅層の体制への取り込みという点に力点をおいて、これまでの研究史を振り返って整理し直すとともに、実態的な検証をも試みたい。

経済更生運動を通じての農村統合については、これまで多くの研究が蓄積され、多様な論点も提起されているが、本章の課題との関わりでは、特に中農層の体制内の取り込みが大きなテーマであることから、ファシズム的再編過程での擬似革命性の論点に触れておく必要がある。後述するように、この点については論争的に検討が進められた経緯はあるものの、必ずしも十分な帰結には至らなかった感があるので、ここで取り上げる場合も、日本の近代化過程の特徴に言及する必要があり、対象時期を遡って、検討を試みたいと考えている。

また、同様に、準戦時期に台頭する農本主義の特徴を検討する際に、その系譜をたどるために、近代化初期の農政基調が、資本主義の発展段階のなかでどのように変化し、そこにおける農本主義的色合いが、いかなる変質を遂げたかを追っておくことは重要であり、その点についても、研究史整理を踏まえながら大枠をつかんでおくことに紙数を割いた。

対象とする準戦時期は、満州事変勃発以後、満州国建国、国際連盟脱退といった一連の過程を経て、政治的には「非常時小康」と呼ばれる一定の空白期を経ながら推移していった。その前半期は、経済構造の側面、とりわけ農業、農村にあっては、昭和恐慌により大きな打撃を受けた農村の疲弊を救済すべく、経済更生計画が立案され、運動化して進められていた時期でもあった。しかし、まさに「非常時小康」に照応するかのように、更生運動でも、その原動力たる「更生の熱意」に翳りが生じ、運動が衰えをみせはじめ、その締め直しが図られることになった。その締め直し策のなかで、満州への侵略主義とリンクしながら、国内農業の安定的経営基盤の構築を旗印に経営改善の取り組みが進められ、また、その裏付けとして農本主義的スローガンが声高に呼号されたのである。ここでは、その主張に注意を向け、それが、以前の農本主義の系譜とどのような係りを持ち、また、国民統合のうえで実質的にどれほどの役割を果たしたのかについて検討を試みることを課題とする。

第一節　経済更生計画―運動についての研究蓄積

経済更生運動は、膨大に累積した農村負債の解消をめざして、中央のガイドラインに沿いつつ、官僚行政の網の目を駆使することで、末端農村の経営改善、流通改善を促しながら取り組まれた。恐慌被害への臨時的応急対策として設定された救農土木事業とは異なり、農業改善、農村再編を内容とした漸進的、恒久的対策として、恐慌の打撃克服とともに、農村民の危機感をバネに、これまでの農業構造に一定の改変を加えることをもめざして進められた。しかし、恐慌からの一定の回復基調が見えはじめ(1)、自力更生運動の当初の勢いも減退する頃には、各所で運動の締め直しが叫ばれ、精神更生の充実や計画の再点検などの取り組みがはじめられる。後述の農村更生協会の簿記記帳運動もちょうどこの頃、官製運動的側面を見直すことを出発点に、新たな取り組みとしてはじめられたのである。そういった意味では、概ね一九三四年頃から翌年ぐらいにかけて、従来の運動を見直し、色々な形で梃入れを行う動きが現れるといえる。本章で対象とする時期も、ほぼこの頃を想定している。

経済更生計画ないしは運動については、これまで、膨大な地域実践事例が検証され、それに基づいて厚い研究が蓄積されてきた。(2) 特に強固な地主制のもとでの農村統合機能について、それが、打ち続く農村不況と、そこに致命的なダメージを与えた昭和農業恐慌によって動揺を来たしたことに対して、安定化した状態への回復をめざして締め直しのために採られた施策として位置づけようとする考え方に対して、この後に続く戦時期の食糧増産体制を視野におさめた、従来の方式とは異なった新たな農村再編策として、この施策の意義をより積極的に捉え直そうとする見解が示され、論争的に検討が進められたこともあった。

その際、ファシズムの社会的基盤をどのように措定するかという課題意識から、運動化した取り組みの農村での担い手が問題とされ、地主的土地所有の農村における緊縛性の高さを強調しつつ、従来型の農村統合の締め直しが強調される場合もあり、一方で、ファシズム的農村統合の要として新たに措定された経営的中堅層の存在を重視し、運動のなかでそれらが実質的イニシアティブを掌握していったことを実証的に解明しようとした成果も生まれた。以後、多くの事例が積まれるなかで、単なる地主制の締め直しだけでは説明し切れず、農村の中心的階層として、新たに台頭しつつあった経営的中堅層の役割を政策も明確に意識し、そこに拠って立つことで、農村の生産力基盤の維持・拡充と、安定した農村秩序の再構築をめざしていた点がおおむね了解されていったと考えられる。一方、その場合に在村耕作地主層をどのように位置づけ、役割を評価するかが、農業生産の地帯構造、地主制の重みの地域差との関係で注視され、経営的中核、農村のリーダー層としての役割を評価する地域事例の検出も相次いだ。しかし、論点として積極的意味を持って実証が積まれていく反面、在村における担い手層の検出のみに終始する、本旨とは逸れた矮小な議論として積み重ねられてしまった経緯もあった。

そのことはともかく、担い手に関する議論の展開のなかでは、日本ファシズム論の基本型に関わる論点も摘出され、とりわけ、「上からのファッショ化」が所与の前提とされてきたこれまでの研究史との関係で、ファシズムの擬似革命性を日本の場合どのように見出していくかという課題意識から発し、この運動のなかで中核的存在として措定された経営的中堅層と、そこに注入された産業組合主義に基づく、一種熱狂的な現状打破的、イデオロギー的「革新性」に着目しようとする考えが提起された。(3) しかし、比較的活発に運動が進められた指定村でも、自作・自小作前進層と呼ばれる経営的中堅層の実質的なリーダーシップが広範に定着していたかというと、必ずしもそうではなく、地主制の階層性の最下部に位置する在村耕作地主層が、経営的農民のリーダーとしても機能し、役職名望家的農村支配を貫徹させながら、恐慌乗り切りの実質的リーダー層として検出される場合も多々あったといえるのである。日本のファシズム生成の経過、そして戦争遂行体制を媒介することによって成立した経緯を考えると、擬似革命性の契機をどれほど強調できるかという問題がそもそも胚胎していると思われる。そして、そのことは、地主制の強固な残存を特徴とする日本資本主義の特殊性との関わりでいえば、農村における広範な中間層的役割を自作・自小作前進層のみに求めて良いかという問題とも関わってくるように思われる。この点については後述するが、次には、ファシズム期の擬似革命性の契機について、日本の近代化過程に遡及しつつ、その特質把握を試みておこう。

第二節　日本ファシズムにおける擬似革命性の契機について

明治の初めから、日本は上からの近代化としてスタートを切り、それが、立憲君主制の外皮を纏いながら、実質的専制君主国家としての歪んだブルジョア的発展を遂げ、国内政治体制を含め国民統合においても、日本的特徴を醸し出していったことは、すでに明らかにされており、その大きな国家的枠組みのなかで、日本型ファシズムの特徴とそのもとでの戦争遂行体制も特質づけられてきたと考えられる。そのような近代化の特質のなかで、ファシズムの基本型における擬似革命性の契機が希薄なままでファシズム体制が定置されてしまったところに、日本的特殊性を見出していくことも一つの論点になり得ると考える。

「万国対峙」の国際環境のなかで、外圧に押されながら植民地化の危機を鋭く内包しつつスタートラインに立った日本の近代は、その最優先課題に向き合う際に、アジア的連帯のなかで欧米列強に対して行く方向性をとらず、列強に対しては妥協的、追従的対処の姿勢を採る一方、そのツケを回すかのように、アジアに対しては、当初から侵略的姿勢で終始した。すでに吉田松陰において明確に唱えられ、長州出身の維新政府高官に受け継がれていったこの基本方向は、その意味では戦前を一貫して揺らぐことなく堅持されたといえる。実際に維新以後の政府の国内体制づくり、対外政策はこの基本線に沿って急ピッチで進められていったのである。征韓論こそ内治優先派の主張に沿って矛を納めたものの、それは対外方針を変更したわけではなく、単に時期をずらせたに過ぎず、その企図は、台湾出兵、江華島事件、琉球処分といった形で、着々と進められていき、日清、日露の両戦争と朝鮮の完全植民地化で一つの橋頭堡を築きあげるに至った。(4)

一方、国内体制整備においても、軍工廠や海軍造船所など軍需中心の資本主義化は、ほぼ三〇年という異常な短期間に、曲りなりにもアジアでは一頭地を抜いた経済建設を成し遂げ、同時に、欧米列強には依然比べるべくもないとはいえ、やはりアジアでは他を圧する軍事力を備えた軍国主義国家として、その地位を固めるに至った。そのような急速な資本主義化、すなわち近代化を達成するための大前提として、強固な中央集権体制のもとで、すべての国内施策が取り組まれるシステムが当初から整備され定着した。中央集権のシンボルとしての天皇の位置は、帝国憲法、教育勅語によって、その法的、イデオロギー的整備が一段落し、体制概念として天皇制と呼べる構造ができ上がった。また、明治六年以降の大久保利通政権下、内務省の創設を皮切りに、特段の力の傾注で整えられた官僚制は、その再生産組織である高等教育機関の整備と相俟って磐石の体制が整えられ、強力な官僚統制の体系の基本が作られ、その強さとともに今に至るまで継承されている。常備軍は、軍事大国化がそもそも目指されていた初発の段階から、何にも増して整備が急がれ、国民皆兵の仕組みが、天皇制の整備と表裏を為した良兵良民主義に基づく民衆教化のシステムを裏付けに、驚くほど早くから整えられた。また、軍隊教育及び幹部候補生教育の体系も、他の教育体系整備に先んじて早々と固められていった。

　このような上からの近代国家化に対する異議申し立ては、天賦人権論を思想的背景に鋭く提起され、時として政治結社の激しい反政府行動となって、あるいは底流にある民衆の反体制エネルギーの噴出という形で表面化した。第一義的に、早期に中央集権体制の確立をめざす方針を採った国家中央にとっては、民衆の抵抗に裏打ちされたこの種の反政府行動が最も脅威であり、また、進むべき道筋を妨げる最大の障害として認識された。そのため、これに処する対応は、硬軟取り混ぜながらも当初から総体として苛烈であり、極めて弾圧的であった。維新政府成立以来、連年のように制定、公布された治安立法の数々や、瞬く間に整備された警察制度がそのことを証明しており、近代化がすなわち警察国家化であるかのようにもみえる日本的特質が示されていた。

　一方、市民革命の段階を経ず、自らの結集する力で支配構造を覆したことのない民衆の側の反体制勢力にも数々の弱点があり、容易に挑発に乗り、暴力的弾圧を招く直接行動に走りやすく、また、政治的結集力を基礎に粘り強い戦いを持続する力量が育たず、経済闘争に終始し、ために利益誘導を伴う懐柔策に容易に崩れる脆弱さを露出した。

　すなわち、近代化過程におけるこのような全般的な特徴は、下からの革命的契機を希薄にする構造として捉えられ、それはファシズムにおける擬似革命性においても同様であって、そもそも日本では、その要素そのものが減殺されたなかで近代化が強行的に進められたと考えられるのである。これが、イタリア、ドイツと同様にファシズムの要件を語れない所以であって、そこにこそ、むしろ日本的特殊性が内在するといえるのである。その点では、擬似革命性とは違う意味で、農本主義の中に潜む「革新性」が、とりわけ農村統合との関わりのなかで意味を持ってくると考えるのであるが、この点については後に触れることにしよう。

第三節　産業組合主義の位置付け

擬似革命性との関わりで「革新性」の表徴とされ、中堅的農民の行動の原動力となった産業組合主義については、農村のファシズム的統合の根幹的部分に、このイデオロギーに根ざした運動が重要な役割を果たしていたとする見解に異を唱えることはできないであろう。すでに世紀の変わり目辺りから農業・農村の組織編成において、産業組合の役割は確固たるものがあり、とりわけ一九二〇年代の本格的小作争議段階には、それへの有効な対応策の一つとして政策的に重視され、農村への組織的定着が図られていった。そして、昭和恐慌期には、まさに危機対応の救世主として産業組合―農事実行組合ルートは、流通合理化と農村金融の中核として農村統合の要となっていった。しかし、その一方で、伝来的な地主制に由来する帝国農会―系統農会機能も重要な役割を果たしており、地域的偏差を伴いながらも両者が補完し合いつつ、農村統合装置としての役割を担っていった実態も否定できないのである。これは、単純に地主制的か、ファシズム再編に伴う新たな中核の創出かという二者択一的な問題として措定されるべきではなく、むしろそれらが混在となって相補的に役割分担しつつ、最終的なファシズム再編に機能していたところに日本的特殊性があると考えるべきではないであろうか。

産業組合ルートによる流通改善を根幹とした農村組織化は、時代の合言葉として脚光を浴び、多くの取り組みが実行に移されるなかで、産業組合の組織、機能はこの時期に飛躍的に高まり、反産運動の対抗などをきっかけに、産青連などの相当激越な運動として盛り上がりをみせる場合があり、あたかもファシズムの擬似革命性を思わせる、若手の経営的中堅層のエネルギッシュな運動として捉えられる側面もあった。しかし、全体的にみると、やはりそれは点的存在であって、普遍性を欠いており、それを従来の組織再編で補完しつつ、総体としてのファシズム的再編が進んでいったと考えるべきであろう。

第四節　上からの農村統合機能の側面について

上からの農村統合機能についても、経済更生計画の官主導の特質によって明らかであり、時代の花形となっていた農林省経済更生部をトップに、府県庁経済部の農務局を実際のコントロールタワーとして、末端に至る行政ルートをフルに生かして農村計画の実施という形で進められていた。救農土木事業と違い、ほとんど財政的な裏付けを持たない農村計画事業であったために、恐慌の打撃に喘ぐ農村民の危機感を克服へのエネルギーとして引き出し、自力更生の名のもとに自発的な運動として全国的に広げていく必要があり、常に官民一体が強調されはしたが、その内実は、整備された行政ルートを従来の農会系統組織が補完し、新たに台頭しつつあった産業組合ルートを有効に位置づけながら、周到な指導組織の下に計画が進められていった。すでに新潟県の事例で明らかにしたように[5]、計画実施とともに、農務課や蚕糸課の退職者や、農会、産業組合の技手などが臨時職員として大量に採用され、嘱託指導員として県の方針を受け、郡レベルで実際の指定町村の選定、指導に当たるべく配備されていたのである。

そういった点で、経済更生計画の行政主導の体質は明らかであるが、しかし、下からの運動として取り組まれるべき必然性と必要性があったため、常にそこにはイデオロギー的装置が備えられなければならなかった。産業組合主義の高揚もその一つであったが、多分に反資本主義的、反商工主義的雰囲気を持った農本主義的色合いも必要とされたのではないであろうか。ただし、それは世間の耳目を引いた自治農民協議会や愛郷塾の活動などのような一部の煽情的で先鋭的、行動的農本主義ではなく、実際の農業経営に根ざして、その改良、改善により利益増進を図るような、「合理性」「計画性」と少なくとも農村民に感じさせるような内容を持ったものではなかったであろうかと考える。また、そうであるからこそ、より広範な農村民の要望に、一過性のものとしてではなく、持続的に応えるかのような幻想を与え得たのではないであろうか。もちろん、日本の侵略主義の先兵として満州開拓を担っていくような移民論との結びつきを濃くしていく以上、そこにおける「合理性」や「計画性」の内実は曖昧なものでしかなかったが、問題は、その幻想性の中に多くの農村民の危機意識を繫ぎ止め、固着させるだけの力があったか否かの吟味が重要であろうと考えるのである。

そのように視点を据えて見た時、これまでの農本主義に関わる研究史はどのように整理できるであろうか。農本主義の研究史についてでは、特に、国民統合のイデオロギー装置としての役割に視点を据えながら、すでに一応の整理を試みたが[(6)]、ここで主として問題にしようとしている経済更生運動との関わりで、もう少し詳しく検討しておこう[(7)]。

第五節　資本主義の発展段階と農本主義―桜井武雄の視点

農本主義について先駆的業績を残した桜井武雄[(8)]は、日本における農業の特徴を半封建的零細農耕制として捉える観点から、そこに立脚した伝来的な老農思想が、近代に入ってからの官僚的農政の枠組みに組み込まれ、農政思想の基本的な部分を形作っていったと考える。そしてその「官僚型農本主義」の展開過程を、資本主義のブルジョア的発展の段階によって区分し、明治農政の確立以後、資本主義確立期に一定の完成形態に達し、昭和恐慌の農業危機のなかで、新たな進展を遂げると考える。つまり、資本主義発展にともなう商工業中心主義の蔓延が、封建制以来の零細農耕制を危殆に瀕せしめたために、伝来的老農思想が、それを擁護するために重要な役割を果たすと位置づけられるのである。しかし、その方向性は、資本主義の経済発展のなかで、そのままの形で継続することはできず、資本主義の本源的蓄積期に、明治政府官僚の農政思想に吸入され、「商工の発展に跛行し取り残されんとする農業を保育助成せんと」[(9)]

して、官僚農本主義が形成されていったと考えるのである。桜井のこの指摘は、恐慌期の経済更生計画の在り方と農本主義の問題を考えるうえで、大切な手がかりを与えてくれているのではないであろうか。

第六節　老農思想と農本主義―綱澤満昭の視点

戦後に至って農本主義が重要な課題として取り上げられるなかで、精力的にこの問題に取り組んだ綱澤満昭[10]も、官僚農政の展開の中に、伝来的な老農思想に基づく農本主義的要素を強く見出し、そこに依拠しつつ十二分に活用しながら展開したものとして近代農政を位置づける。そして、初期における担い手であった老農が、国家の政策のもとで次第に寄生化し、大土地所有者となっていくなかで、老農精神に基づく農本主義も変質を遂げ、地主的なそれへと漸次変化していくと説くのである。綱澤によれば、官学アカデミズムにおいてこの方向性を領導したのは横井時敬であり、体制基盤の護持者としての地主の存在が確定していくなかで、体制イデオロギーの末端への浸透を担う存在としての、その意味で極めて政治的存在であった地主層によってこの農本主義は定着していくと捉えられる。そして、岡田温によって、この性格はより鮮明に打ち出され、恐慌期に機能していくと考えられている。農本主義の一つの特徴として取り上げられることの多い非政治性の問題をどのように考えるか、あるいは横井時敬を農本主義者として位置づけることの可否など、幾つかの疑問点がここにはあると思われるが[11]、綱澤の提起には、恐慌期の農本主義を性格づけるうえで重要な指摘も含まれていると考える。

一つは、自力更生運動の展開のなかで、多分に精神更生の色合い、すなわちイデオロギッシュに用いられることが多かった報徳精神の鼓吹は、老農的な農本主義の再版利用の側面が強かった。自給経済への回帰や勤倹力行の強調など、表面的スローガンのみならず、実際の計画立案に当っても重要なガイドラインとして提示され、有効な恐慌対策項目―多角化による危険分散、消費生活の改善、協同化とともに自奮自営の取り組みによる個々の経営の足腰強化―として計画内容に盛り込まれていった。それは財政的裏付けを欠いた政策の然らしむるところであったとはいえ、農村民を運動に糾合していく際に大きな影響力を持ったことは確かであり、運動の性格付けには欠かせない論点であろう。

さらに一つには、経済更生計画が、恐慌の乗り切り策としての側面だけでなく、そもそも一九二〇年代の本格的小作争議段階に一挙に顕在化した、農村における激しい階級対抗への対応策としての側面を色濃く持っていたことに関わる綱澤の指摘である。これは、次のような点で重要であろうと考える。

第一次世界大戦期の資本主義の急激な経済発展を背景に、農工間の不均等発展は、「農」の停滞性、「工」の飛躍的発展というコントラストで明らかとなり、そこに起因した地主的土地所有の矛盾への反抗が、すなわち小作争議の本格化であり、ブルジョア的発展の道が閉ざされた農村民の問題解決に向けての意思表示であった。そのなかで、小農民のブルジョア的発展を一定保障しつつ、耕作権保障を軸に直接生産者としての地位保全を法的に果たしていこうとする動きが見られた。小農維持による耕作者保護を制度的に確立することにより、階級対立の先鋭化を防ぎ、安定した農村秩序を再構築し、結果として生産力基盤の安定、すなわち、食糧等農業生産の安定供給と良兵の給源としての農村機能の維持が企図されたのである。しかしそれは必然的に土地所有の絶対を規定した民法体系を崩すものであり、また、ともすれば高率小作料の収取にまで踏み込みかねない内容を備えていたために、地主利害と鋭く対立し、陽の目をみることなく構想段階で潰え去ることになる。しかし、そもそも一九二〇年代小作争議が、資本主義と地主制の矛盾の産物として顕在化したものである以上、解決策もその本質的部分に関して提起されねばならず、その方途が閉ざされたなかでは、非常に歪んだ形―例えば暴力装置による弾圧のような―で一時的な沈静化が図られたとしても、それは問題解決の遷延に過ぎず、資本主義の経済発展がさらに進度を高めていく過程では、矛盾はさらに拡大せざるをえなかった。

昭和恐慌はこのようななかで農村を襲い、未曾有の打撃を与えた。資本主義に適合的な農業、農村の構造を再構築するために取り組まれた一連の小作立法の路線は、この時点でその実現を決定的に阻まれ、一挙に農政の後景に退いた。農業生産力基盤の中核である直接生産者群のリーダー的存在であり、一方で地主制のヒエラルキーの最末端に位置しつつ、農村秩序維持体制のなかで実質的に有用な役割を果たしていた在村の中小地主、とりわけ耕作部分を持ち経営的中堅としての位置にもあった在村の耕作地主層をも落層の危機に陥れた農業恐慌は、地主制約的な枠組みを持つ一九二〇年代農政の継続を著しく困難にしたのである。そのため、恐慌期の農政は、地主制約的な方向性を欠いた方策として立案されることになり、前時代に表面化した地主—小作関係の矛盾を覆い隠しながら、農業と農村秩序の安定化に向けて取り組まれなければならなかった。そのため、上からの官僚的農政が、その体質をみせずに、下からの自力更生の形で進められていったわけであるが、そこでは当然、地主的土地所有制の矛盾に差し当って目を塞ぎ、危機乗り切りに邁進する農村民を糾合するための合意形成のロジックが新たに組み込まれる必要性があった。昭和期の農本主義についてはこのような観点から検討がなされるべきで、綱澤の提起はその意味で重要であろう考えられるのである。

第七節　資本主義発展と農本主義の質的変化—安達生恒の視点

綱澤の提起した論点と関わって、昭和期の農本主義を問題にする場合、安達生恒の研究成果[12]に着目する必要がある。安達は、明治期当初の資本主義導入時期の農本主義を官主導の農政との関わりで捉えながら、そこに前時代から引き継がれた、シンプルな農本を読み取ろうとする。すなわち「農」は国家の中軸産業であり国富の源で、それを紡ぎ出す農民はまさに国家の支柱として位置づけられるとする、まさに真正な農本主義の担い手として前田正名や品川弥二郎らの農政官僚を取り上げる。そして、とりわけ国家財政の基礎たる地租改正事業において析出された、担税力の基盤であり、同時に農村秩序の護持者としての役割を担った在村の耕作地主層に、その中核的存在としての役割が見出されると考えるのである。ところが、前述したように、著しい資本主義の発展—それはとりも直さず、明治国家が直走った路線なのであるが、そのために、国富の中軸産業は農業から商工業に転換し、農業・農村の役割は、国民食糧と忠良精悍な兵士の供給源に重要性が移り、農本の意味内容に微妙な変化を来たすことになったと考えられる。そして発展する資本主義と停滞的な農業が引き起こす階級矛盾は、小作争議という激烈な形で表舞台に現れ、農政はそれへの有効な対応を迫られることになり、地主制の維持、再編が至上命題となり、そのために、地主対小作の利害対立から論点を逸らせる代位物として、商工業を象徴する都市と農村の鬩ぎ合いの構図が多分に情緒的に用いられ、利用されていくとされるのである。つまり対都市という形で新たな難敵が措定されたことにより、これまでの農本とは異なる道筋が導き出されたと考えられているようである。資本主義と農業の関係の段階的推移に照応した農本主義の質的変化を捉えたこの指摘は、やはり恐慌期の農本主義の性格を見定めていくうえで重要であろう。

以下では、主としてこれらの論者の研究蓄積を踏まえながら、経済更生運動締め直しの時期の農本主義の性格と役割について考察を加えてみたい。

第八節　資本主義発展と「農本」の意味内容

初期の頃の西欧型の大農法導入に基づく農業振興の方策と、伝来的小農中心主義とは、そもそも対抗的な関係にあったが、資本主義確立期以前に、日本における大農法の展開はすでにその可能性が失われており、そのため、農政官僚による農業中心の考え方も、小農維持を前提に打ち立てられ、その意味で地主的利害と全く照応したものであった。財政基盤の全く脆弱な初発の段階で、ともかくも殖産興業、富国強兵の大目標、すなわち軍需生産を機軸とした経済の資本主義化を一挙に進める道を進んだ明治国家は、土地税である地租にその財源の大部分を依拠せざるを得ず[13]、そのために担税能力において最も安定した存在であった地主をことごとく優遇し、その肥大化と土地所有者としての安定性を保証する必要があった。それはまた同時に、そのもとで、生産力基盤を実質的に担当する小農の維持を政策的にはかることを意味し、伝来的小農主義の立場に立つ必然性があったのである。そして、それは、国家的枠組みのなかで、米穀を軸とした国民食糧の生産基盤としてはもとより、国家秩序維持の最も確固たる社会的基盤として、また、軍事大国化の道を直走る国民皆兵主義に立った国家への良兵供給の培養地として、農村はまさに安定的に定置される必要があり、農政がめざすべき方向もそこに定められなければならなかった。その意味で、近代化の当初から、農政の姿は多分に農本主義的であり、官僚農本主義と呼びうる内容であったといえよう。

しかし、一方における資本主義の経済発展が余りにも加速度的であり、それにともなう商工業重視の政策への転換を求める内外の環境もまた激しさを増してくるなかで、この体質も変化せざるをえなかった。資本主義発展に適合的な農業・農村の在り方が、否応なく政策課題として位置づけられるなかで、それ以前の伝来的な小農主義の線は修正されざるをえなかった。すなわち農工両全と称し農商工鼎立と唱えること自体がすでに「農本」の前提が崩れていることを意味しており、資本主義の経済発展にともなうブルジョア国家化を所与の前提として、前近代的な要素を多分に残存させた農業――それは初発の近代化過程でそのように定置する必然性があったのであるが、そしてそこで支配的体制を確立した地主制を如何に擁護するかが重要になったわけであるが、そこではもはや、従前の意味での「農」を「本」として前提することが難しくなっていったと考えられる。その最も端的な表徴が石黒忠篤農政の展開であり、そこでは地主制擁護の大本すら揺らぎをみせ、そこに手を加えない限り、より重大な問題、すなわち、資本主義と農業の矛盾として顕在化した農村における階級闘争の先鋭化に対処しえないとの認識に立って、耕作権保護と小作料低減の政策が構想されるに至ったのである。石黒忠篤らに一貫して農へのかかわり、深い思い入れがあったことは誰しも認めるところであり、小農維持策としての政策の徹底性にもそれは示されており、であるからこそ地主利害との鋭い対抗関係のなかで、政策実現を阻まれることになるのであるが、それは、やはり維新期から産業革命期を連綿として生き続けた農本主義的政策の底流とは大きく隔たるものであったといわざるをえない。両大戦間期の大きな変化は、資本主義の余りにも急激な経済発展が、農工両全といった緩やかな対応姿勢では抗し切れない矛盾を発現してしまったためであり、以前からの官僚的農本主義の脈路は細まらざるをえなくなったのである。もとより、国家秩序安定の基礎、国民食糧の生産基盤、良兵の培養地等々の表現で、「農は国の基」といういい古された形容は、レトリックとしてはあちこちで依然として有用に使われはしたが、それはやはり前時代とは大分趣を異にしたものとして評価すべきであろうと考える。その意味では、国家のブルジョア的発展の進度に照応して、官僚的農本主義の意味内容も変質していったとする桜井武雄の指摘は正鵠を射ていたといえよう。

第九節　農村更生協会と更生運動の再編強化

そのようななかで襲来した恐慌の打撃は深甚であって、一九二〇年代の争議状況の様相はさらに深刻化し、零細地片の所有と耕作をめぐって、中小地主と小作農が死活的な闘争を繰り広げる事態を現出した。すでに本格的小作争議段階の末頃から、小農保護の観点で小作争議収拾を図りえなくなっていた農政は、協調団体等による利益誘導を軸に、階級協調的融和策で対処する方向を強めていたが、この恐慌を経ることによって、全般的落層の危機に喘ぐ地主層に対する制約的措置を講じることが困難化していった。不況のどん底に突き落とされたなかで、私的土地所有権と耕作権が正面からぶつかり合った時には、耕作権優位を貫徹できず、私的土地所有権の擁護に道を譲らざるをえなかったのである。そのうえで、小農の利益増進を、幻想的であれ保障するような、生産、流通改善計画や実際の農村組織の整備などによって果たしていく方策が採用されていくのである。

このような状況のなかで立案され実行された更生計画＝自力更生であったがために、また、特に財政基盤を著しく欠いた安上がりな危機対策であったために、恐慌下の、在村の手作り地主層をも含めた農村民の危機感をエネルギーに変え、恰も下からの農村計画として実現されていく必要性があった。そしてそれが心許ないながらも「更生の熱意」に支えられているうちはまだ良かったが、そこに翳りが生じ、運動が行き詰まりを示すと、使い古された感のある農本主義的いい回しが、形と意味内容を変化させながら、あちこちで喧伝され、あらたに農村民を糾合し直す役割を担いはじめるのである。

当時の花形部署であった農林省経済更生部と連携し、民間での経済更生計画の推進を担った農村更生協会にその典型的な事例を見出すことができる。一九三四年に設立された社団法人農村更生協会は、会長に石黒忠篤を迎え、小平権一、那須皓、橋本清之助、田沢義鋪らが理事となり、有馬頼寧、橋本伝左衛門が監事として加わっていた。協会の職員には、東京帝国大学の那須、京都帝国大学の橋本伝左衛門の門下生が集められたという。機関誌として『農村更生時報』を刊行し、更生運動の趣旨普及につとめるなど、「農民精神作興に力め、更生計画の実施に協力し、更生に関する各般の研究を為し、農村の向ふ所を明らかならしむる」ことをもって、更生計画を農村で運動化して進める役割を果たすべく、精力的に活動した。協会の設立趣旨には、「農村民が自奮更生、克く隣保共助の昔乍らの美風を作興し、尊農、愛村、愛国の精神を基調として其の経済並に生活の根柢に横はれる欠陥を改め、以て農村の根本的樹て直しを断行しなくてはならない」と目指すべき方向性と行動規範が示されるが、それは伝来的な農村の精神風土に立脚しながら、当面の課題である農村経済の問題点の検証とその改善を進めようとするものであった。そして、その根底には、「我が国の農村は経済上に於ても思想上に於ても、又健全なる国民の揺籃の地として、実に重要なる国家構成の基本を成すものであって、此の農村の健全なる発達を図るは、独り農家の安定を期するのみならず、我が国家の永遠に動ぜざる基礎を確立する所以である」との多分に農本主義的色合いの強い基本理念が横たわっていた。このような姿勢は、さらに運動が進められつつも、農村民の危機意識に依存した、更生計画の脆い基盤ゆえの停滞が兆し、官製運動としての限界が露になる一方で、食糧増産に結びつく戦時色が強まっていくなかで、より扇情的な色合いを濃くしていき、機関誌誌面には「農は国の基」「国本を不抜ならしめる農村」といった枕詞が頻出するようになる。運動の唯一の原動力であった「更正の熱意」の弛緩が、精神主義の占める割合を高め、それがそもそもの農本主義的色彩をより一層に高揚させる原因となったといえよう。そして、一方で、軍需農産物、輸入依存農産物の増産からはじまって、最終的には食糧増産に行き着く戦時国策の要請が強まり、危機打開から農村統合への道筋が準備されるなかで、国の基＝農村の掛け声は高まらざるをえない必然性を持っていたともいえる。

恐慌の打撃克服からはじまった自力更生の運動が、単なる精神主義的スローガンの呼号で農村民の動員を果たしていったのではないことは明らかで、そこには、実質的には官主導で自立的ではなかったとはいえ、在村耕作地主層をはじめとする、所有においても経営においても農村の中堅となる層を中心に、広範な農村民を巻き込んで、農村組織の改編整備を軸とした生産改良、流通改善を「計画的」「合理的」に進め、農業利益の増進＝負債整理へ結びつける取組みは、実践的課題として提示されており、その実効性はともかく、人々のエネルギーを結集するための拠り所は一応準備されていた。

そこでは、繰り返し触れたように、ほとんどを危機意識の裏返しの「更生の熱意」に依存しており、時間の経過とともにそこに翳りが生じ、運動の沈滞、マンネリ化が起こり、締め直しが図られるわけであるが、その過程で呼号されるスローガンに農本主義的色合いが強められていくのである。

第一〇節　農本主義的中農化論

その背景には、農村更生協会理事の杉野忠夫を中心に主張された「農本主義的中農化論」「大陸主義的」中農化論があった。経済更生計画の官主導たる性格を「上からの」農村指導と喝破して―この限りでは的外れではなかったが、恐慌の打撃克服には「下からの」エネルギーの結集が重要であると提起し、農家簿記記帳運動を推進した更生協会が、そのデータを元に満州分村移民へと運動を導く際に用いられたのが、この中農化論であった。

そもそも経済更生計画が、恐慌で呻吟する農村の壊滅的状況のなかで、それまでの土地立法の政策的機軸を修正したうえで取り組まれたものであり、これ以後、本格的戦時体制に至るまでの時期も、農業・農村への主要な政策的対応は土地所有関係に手を触れることなく組み立てられていった。つまり、「更生の熱意」が尻すぼみになり、一方で戦時の色合いが強まるなかで、農村の再編を如何に果たしていくかが課題となっていたこの時期も、その基本線は同じであったということであり、自力更生のさらなる強化を意図して取り組まれた農家簿記記帳運動も、当面の農村の構造を所与の前提として、そのうえで農村・農家をどう立て直すかを突き詰めようとしていたのである。

土地所有関係に手をつけることなくといったが、厳密にいえばこの表現は誤りであり、地主的土地所有の在り方に改変を加えるような、あるいは、そこに制約的な措置を講ずることなく、個々の農家経営において収支不償の状態を改善しようとするのが、杉野らの考え方の基本であった。地主制の根幹をいじることなく、農家経営の好転をめざす時に、経済更生計画は、それを個々の農家経営における利益増進を目指して、団体的取り組みによる生産改良、流通改善によって果たそうとしたわけであるが、その効果が見込めないなかで、杉野は、農家の土地所有関係、経営規模に手をつけ、そこを改編することで経営的安定を獲得しようと考えたのである。簿記記帳データなどで割り出した中農標準とも呼べる経営規模を軸に、農村人口を調整することで、個々の農家にその安定的な経営面積の土地を確保するという構想は、その調整される農家、端的には排除される農家が新たに耕作する土地を所有することが前提とならざるを得ず、つまり、当初からアジアへの膨張を意味する侵略主義とリンクしていたことになる。そして、ここにおける農本主義は、その点で従来のそれとは大きく異なった側面を有することになる。すなわち「本」となる農家とそこから除外される農家が区分され、国家の礎となるべき中堅農家に、より安定的な経営基盤を付与するために、将来的にそういった農家となりうる見込みのない農家は、内地農業の担い手としては排除していくという論理であり、そのようにしてこそ真の「農本」たりうるとするのである。

ここに至って、従来の農本主義は意味内容を変化させる。すなわち、杉野は、「従来行はれた所謂農本主義は、吾人の主張する農本主義とは似ても似つかぬ怪しからぬ代物であ」り、「只百姓の皮をかぶった労働者を保護しようと云ふ似而農本主義」であると主張するのである。農村民一般が、「一国人口の源泉であり、強兵であり、又健実なる国民思想の所有者であると無反省に規定」し、ために農村全体を保護することが「農本」の前提とされてきたが、農業生産の安定的基盤たりえない、資本主義との境界線に浮遊する、雑業的、あるいは半農半商工業的農家は、その対象とは成り得ず、中堅的経営農家を基礎とした真の「農本」を達成するためには、それらは外地における農業開拓の担当者として内地農業からは除外していくべきという、極めて排他的、侵略主義的論理として完結していくのである。

第一一節　小括

昭和恐慌以後の自力更生の運動が、当初のエネルギーを次第に失い、形式化、マンネリ化するなかで、実効性を喪失していく一方で、食糧の安定供給など戦時が農村に要求する課題が新たに負わされてくる以上、やはり農業生産力基盤、良兵良民の培養地としての農村の安定は、準戦時期にあっても依然として重要な課題であった。自力更生が恐慌後の農村民の危機意識に根ざした「更生の熱意」という甚だ心許ないエネルギーに頼りつつも、経営・流通改善を柱とした農村計画として、取り組むべき具体性を提示し得ていた時期はまだしも、産業組合による流通の合理化といったいくぶんの新味を加えつつも、やはり従来からの農事改良の粋を出ない計画の在り方は、土地制度の不備から生ずる農村の根本問題に早晩逢着せざるを得ず、形のうえでは、年々指定村を増やし持続的に続けられたが、内実としては再編締め直しの手立てを講ずる必要に迫られていった。

これまでとは異なった農本主義が提起されるようになったのは、そのような背景からであった。それは「農」を総体として国の礎として捉え、その保護育成を第一義的に優先することを基本としていたこれまでの発想を転換し、保護育成されるべき農家を安定的経営という指標によって設定し、そこに至らない零細農との峻別を行うという考え方であった。広範な農村雑業層は、確かに、農業のみでは採算を確保することができないために、多くは就労機会を求めて農外に出、特に戦時の色合いが強まるにつれ、所謂「殷賑産業」として飛躍的な伸張を示していた軍需関連産業との接点を持てる地域では、その勢いは強まりつつあった。それもこれも地主的土地所有に規定された厳しい階層的のもとで、農業で自立できない大量の零細農を生み出しているところに、そもそもの問題があるわけであるが、そこに目をつぶるとなると、これらは農業に適しない「百姓の皮をかぶった労働者」となり、国本たる「農」から排除されるべき存在という烙印を押されることになるのである。そして、これらを除いたことにより経営規模の拡大に可能性が見出される中堅的農家が、まさに「農」の基本として国の礎となり、経営規模により農家を選別したうえでの「農本」主義が成り立つことになる。地主的土地所有の重みから未だ解き放たれることなく、一方で、戦時に照応した生産力基盤を作り出していく必要性から生じた、このかなり偏奇的農本主義は、日本農業が伝来的に抱えていた零細農耕の桎梏を、中農標準の論理で取り払う強引さを持っていた。戦時に適合的な生産力基盤の構築という課題達成が、そこに正当性を付与していたともいえよう。しかも、この「農本」から除外された零細農も、少なくとも表面的には棄民として放擲されたわけではなく、別天地満州で「王道楽土」建設を担う栄えある尖兵として、名誉ある地位を与えられていたのである。見知らぬ外地とはいえ、年来の「土地持ち」の夢を追いつつ、押し出される零細農にも幻想を与えることでこの時期の農本主義は成り立っていたのである。農家簿記記帳運動により得られたデータを元に、経営規模拡大を果たすことで達成されるとした中農化論に基づくこの時期の農本主義が、果たして何ほどの影響力を持ちえたのかは、さらに事例検証を積みながら検討を重ねなければならないが、零細農を満州の地に押し出す分村移民については、敗戦までに約二〇万戸の大量の農家を送出する一定の「成果」を挙げていたのである。

第八章　戦時期の農本主義

はじめに

本章では、戦時期の国民統合、とりわけ農業・農村統合と農本主義の関係を考察する。その際、これまで分厚く堆積された農本主義研究とそこにおける課題については他稿でまとめているので、そこに譲ることとし[1]、ここでは、特に農村更生協会を活動拠点に「国本農家」創設という独自の切り口で、食糧増産の担い手たる「農家らしい農家」、「逞しい農家」を析出し、皇国農村建設運動の理論的背景を築いた一人の農本主義者の思想と行動を取り上げてみたい。対象とする早川孝太郎が、民俗学者としてその名を知られ、多くの民俗芸能、口承文芸などを見出し、記録し、それを検証した研究者であり、それ故に農村・農家への独自の切り口を持っていたことも着目点の一つであり、そのような分析から紡ぎ出された農本主義がどのような特徴を持ち、また、戦時における国家政策との整合を持つことになったのか、そしてまた、そのようにして形作られた考え方、それに基づく施策が、農村・農民統合にとってどのような意味を持ったのかを検証する。

その際、飯沼二郎の次のような指摘は大いに示唆的、暗示的である。すなわち「私は、これほどまでに衰退しつくした日本農業をどうしたら回復することができるか私なりに考えぬいたすえ到達した結論が、あの昭和初期の代表的な農本主義者、橘孝三郎の『家族的独立小農法』(一九三四年)と類似していることを見出した時、われながら全く驚いたのである」[2]と。橘を含めた農本主義全般について、大衆の気持ち、とりわけ当時の農民の心を、そのように惹きつける何がしかを持っていたことをうかがわせ、農本主義の突き詰めるべき問題性と、他方での統合作用の有効性を指し示しているように思えるからである。

分析に入る前に、対象の限定をしておく。早川孝太郎については、一九七〇年代から全集の刊行がはじまり、二〇〇三年に全一二巻が完結した。[3] ここではそこに依拠することが多かったが、その大部分を占める民俗学研究の成果については余り取り上げることができなかった。農村更生協会時代を中心に、その時期書き溜められた論稿を中心に検討を進め、必要な限りで民俗学の分野についても言及することとした。また、その過程でも、紙数の制限上検証の範囲は自ずから限られ、テーマに直接的に関わる部分を主とし、例えば、不在地主の存在を含めた地主制の取扱いや、総動員政策など国策に対する所論などには細かく触れられなかった。他日を期したい。また、検証するテーマとの関わりでは、天皇制の国家支配を正当化するいわゆる皇国史観そのものの分析、とりわけ民俗学との関係性について前提的にでも検討しておく必要があると考えるが、この小論では紙数のうえでも無理があるので、早川の所論と関わる点だけに留め、やはり他の機会に譲りたいと考える。

第一節　農村更生協会の活動

一九三四（昭和九）年一二月、農村更生を旗印に農村更生協会が活動を開始した。昭和恐慌の痛手のなかで呻吟する農村、農家を救済することをめざして、農林省経済更生部を中心に運動化して進められた経済更生計画に、民間の側から呼応する形で運動を活性化することを目的に設立された。石黒忠篤を会長に、小平権一らを加え、那須皓や橋本伝左衛門の門下生らがスタッフとして集められた。

協会は多様な活動に取り組んでいるが、特に満州分村移民と農家簿記記帳運動が中心的な事業であった。これらは経済更生計画が、農林行政機構の系統性を軸に展開されたのに対して、これを「上からの運動」として批判的にとらえ、「下からの運動」を標榜して、特に個々の農家経営の再建を提唱して運動を進めようとした。行政村あるいは部落を基礎に、団体的取り組みにより農村計画を達成しようとした、その意味で、もともと官製的な色合いが濃くならざるをえない更生計画のウィークポイントを、民間団体という活動しやすい母体で、個別農家経営の改善に焦点を当てることで補完しようとしたのが、更生協会の活動の目的であったといえるかもしれない。後述するように、協会に拠った早川孝太郎が、一貫して農家へのかかわりを持ち続けたのもこのことと結びついているであろう。

協会の設立は、また一方で、経済更生運動の行き詰まりに対する梃入れの意味もあった。緊急の財政出動をともなった救農土木事業と異なり、ほとんど財政支援がなく、農村民の「自力更生」のエネルギーのみを原動力としたこの運動は、恐慌の猛威から数年を経て、その盛り上がりには陰りが生じていた。(4) そこで下からの運動を巻き起こすために、協会では、末端農家への働きかけを重視した。(5) 具体的には、個々の農家経済の実情を明らかにし、そこでの更生計画樹立を重視し、その積み上げによって村の更生計画に結びつけていこうと考えていたのである。(6) そして、そのための基礎資料となるのが、個々の農家経営を記した簿記記帳であると位置づけ、部落ぐるみで全戸が揃って実施することを運動化して進めていった。

簿記記帳に関する協会の趣意書によると、「農家経済の行き詰まり、農村生活の窮迫は今日想像以上のものがあり、その対策として生まれた農村経済更生運動も多くは農家と村とが遊離せんとする嫌ひ」(7) があり、「一時は村の更生か農家の更生かとの批判もあった位で、村の経済更生計画と村民個々の経済更生とが結びついていなかった」とする。そしてこの打開のためには「農家簿記により、農民自身が自家経済の内容を明にし、自覚的に赤字を克服、黒字増加に向かって邁進せしめる外はなく、それと共に各戸の更生計画と村の計画との連携をとらしめる事が極めて必要であ」って、「而もそれは焦眉の急を要した事柄であった」とする。そしてこの「簿記運動を行ふに方っては部落指導と併行的に之を行ひ、従って部落全戸記帳主義をとったのである」。このようにして、農家簿記記帳運動が協会の主要な業務となっていった。(8)

この簿記記帳運動が、以後の展開と戦時のさらなる進行のなかで、黒字主義適正規模農家＝家族労作経営を主体とした中農の析出と、それにそぐわない、所謂落伍農家＝小規模経営の小作農家の峻別という構想に結びつき、満州分村移民送出の論拠として組み立てられていく経過については、すでに別の機会に触れた(9)。農家経済の建て直しを旗印に、個々の経営の黒字化をめざすなかで、地主的土地所有の問題性には全く触れることなく、侵略主義的な移民政策という農村再編策にリンクすることにより、生産の中核＝増産の担い手となる農家を生み出すことが農村更生協会のめざすところであった。

第二節　農村更生協会と民俗学者早川孝太郎

この時期、このような協会の活動に深く関わり、中心的役割を果たしつつ、後には、「国本農家」といった位置付けで、その簿記記帳運動によって析出された中核的農家を位置づけようとしたのが、民俗学者として名高い早川孝太郎であった。大著『花祭』や『大蔵永常』の著作で知られる早川は、一八八九（明治二二）年、愛知県南設楽郡長篠村に生まれた。奥三河、長篠城址に程近い山間の地である。一四歳で豊橋の銀行勤めをする傍ら実業学校に通い、卒業後に画家をめざして上京した。一九歳の頃であったと思われる。黒田清輝の主宰する白馬会洋画研究所に学び、展覧会に出品するほどに腕をあげながら、年号が大正に変わる頃には日本画に転向していたという(10)。日本画で早川の作品が確認できるのは、一九二七（昭和二）年の新興大和絵会展への出品であるが、この展覧会を主催していたのが、早川も師事していたと思われる日本画家の松岡映丘で、松岡は柳田國男の実弟であった。早川と民俗学との結びつきはこの辺りからはじまっていた。洋画から日本画にかわった少し後になろうか、絵画制作とは別に、故郷奥三河とその周辺地域に伝わる古い伝承を短文にまとめ、柳田が編集する『郷土研究』に投稿していた。最後となる一二編目が寄せられたのは、同誌の一九一七（大正六）年一月号であった(11)。柳田は民間伝承の研究者として早川に期待を寄せ、近しく接し薫陶を与えた。一九一七年、柳田は地方の伝承の発掘と記録のために『爐辺叢書』五四冊の刊行を企画するが、そのうちの四冊を早川が執筆していたのである。すでに妻帯し、生活をしていくために画業も続けていたようで頒布会などを催していた。金田一京助、折口信夫らが発起人に名を連ねていたから、柳田が後ろ盾になっていたのであろう[12]。民俗学研究者としての早川の名を不朽のものにする大著『花祭』が出版されたのは一九三一（昭和六）年であった。もともと『爐辺叢書』の一つとして企画されていたが、思いの他の大著となった背景には、調査費用を出資し、緻密なものを完成させることを要望した渋沢敬三の後押しがあったとされている[13]。

渋沢敬三は、渋沢栄一の孫にあたり、文字通り財界トップの家系を引き継ぎ、財界・金融界の第一人者としての地歩を築くが、一方で民俗学者としても精力的に活動し、漁業史、漁民文化に関する多くの論稿を残すとともに、民俗学界全体に対して一貫して手厚い支援を続けた。三田の自邸に私設の博物館、アチックミューゼアム（屋根裏博物館）を開設し、資料、民具等を収集するとともに、財力を背景に民俗学の調査・研究活動に資金を投じ、また若手研究者の育成にも多大な貢献を果たした。早川孝太郎の『花祭』刊行に際しても、援助を惜しまず、大著の完成に道を開いた。早川と渋沢の出会いは柳田國男を介してであったが、その後は行動を共にすることが多く、各地の花祭の探査はもとより、津軽や飛島、薩南十島を巡る旅などにも、多くの仲間たちと一緒に写真におさまる二人の姿があった[14]。また、三田の渋沢邸の改築竣工の際には、三河から花祭の一行が招待され「四つ舞」を披露し、後、天覧に供するきっかけとなったという[15]。

渋沢敬三は、金銭的なバックアップだけでなく、研究者としても厳しい眼差しを注ぎ、批判者として早川孝太郎の民俗学の深化を後押しした。『花祭』についても、「この行事に対する社会経済史の裏付けのなかったこと」[16]に「物足らぬ感じがいまなおしている」と指摘し、「他日に何らかの手段で研究されるべき問題」として課題を投げかけていた。一九三三（昭和八）年一一月に、早川が九州帝国大学農学部農業経済学研究室に留学したのは、この要請に応えるためであり、それを援助したのも渋沢であったといわれている[17]。この九州帝大時代は二年半ほど続くが、そこで早川は新たな視点を見出し、後の大著『大蔵永常』に結びつく素地ができあがっていった。そして、それはまた民俗学者早川にとっての大きな転機でもあった。

農業恐慌の只中で「自力更生」を掲げて農政をリードしようと考えていた石黒忠篤らは、幕末の社会変動と農村窮乏のなかで、まさに「農家益」すなわち農家経済の向上をめざした大蔵永常に着目し、その事跡の刊行をてがけようとしていた。小野武夫が中心となって全集刊行会が事業を進めていたが、渋沢敬三も後援し、当時アチックミューゼアムにいた早川孝太郎が、調査や資料収集を手伝うことになった。そこで顕著な成果を挙げた結果、永常の伝記編纂を早川が担当することとなり、このことをきっかけに、早川は、渋沢を介してその縁戚関係にあった石黒との接点を持ち、以後、師事する形で非常に密接な関係を持ち続けることになる。「二人の公私にわたるつながりはほとんど表に出ることはなかったが、早川がもし一番世話になった人と問われたら、先ず石黒を挙げるに違いない」[18]と評されるような間柄であり、戦後は、石黒の参院選などに早川がかつての人脈を頼って陰ながら協力するような関係であった。それはまた、九州帝大以後の農村更生協会時代に培われたものであった。

九州から東京に戻った早川孝太郎は、一九三六（昭和一一）年五月、農村更生協会の嘱託となり、農家簿記記帳運動や満州分村移民送出のための基礎調査の活動などに従事する。次いで一九三八（昭和一三）年四月には主事となり、協会の中心的役割を担いつつ精力的な活動を展開する。山村更生研究会や各地の簿記講習会など、全国の農村を飛び回り、協会のめざす「下からの更生運動」を地でいく旺盛な活動ぶりをみせる。そして国内だけにとどまらず、一九四〇（昭和一五年）には、朝鮮、満州の食習慣の調査、翌年には華北の食糧事情調査と、活動範囲は東アジアにまで延びていくのである。さらに、協会の機関誌『村』の編集、執筆も中心となって手がけ、画才を活かして毎号表紙画を掲載しただけでなく、戦時が本格化するなかで、多くの論稿を執筆することになる。農家簿記記帳運動を集約した『部落と簿記指導』では、四部構成のうち最終部「記帳部落の性格」を担当したが、「こゝでは、民俗学的見地から、記帳部落の性格を多少共描写して参考に資することとした」[19]とあったように、それまで培ってきた民俗学研究者としての片鱗をうかがわせる内容であった。しかし、その後の論稿からはそういった趣は次第に薄れていき、まさに農本主義イデオローグとしての側面が強く前面に現われてくる。

柳田國男を中心とするそれまでの民俗学関係の人々との交遊が薄れ、石黒忠篤への傾倒が強まっていったと思われるのである。「石黒農政のよき参謀であった」[20]とまで評されるほど協会主事としての活動が中心となり、また、石黒がリードした更生協会の活動方向への傾斜が著しくなっていった。「早川氏が農村更生協会の嘱託であった頃はもちろん、主事となった当初に大蔵永常伝記編纂のことを別にしても、かなりこの種の純学術的研究に時間と精力を注ぐことができ」[21]、「氏の意欲もその方に傾いていたかもしれない」。「そして協会が早川氏に期待した役割からもそれは可能であったし、協会での早川氏の仕事の性質からもこのような学術的活動は必ずしも強い違和感を人々に与えないですんだのだろう」という見方は的を射ていよう。今までの民俗学の蓄積をさらに深め、学としての体系を整えていくために、その目的はともかくとして、全国の農村を経巡ることをそもそもの活動の重要な一環としていた農村更生協会の仕事は、早川にとっては似つかわしいものであったといえる。そして、恐らく、農村更生協会への関わりも、渋沢敬三を介しながら、そのようなところから生まれていたはずである。しかし、早川孝太郎は、自らの民俗学を深める方向には向かわなかった。ある意味で早川民俗学を大成させる時期で、しかもその好機となる活動拠点を得ながら、これ以後の早川の行動は、協会の目的に沿って、その達成に向けて一途にひた走る方向をたどっていく[22]。

そのように自らの関心とエネルギーを注ぐ対象を、農村更生協会の目的に沿った活動に振り向けていったのは、協会の主事となり、その一方で、この間手がけてきた大蔵永常についての研究にまとまりをつけた一九三八年頃ではなかったかと考える。時は恰も日中戦争が全面化し、後の本格的戦時体制への準備が急がれている時期であり、農家簿記記帳運動、分村移民運動など協会の主要な事業が本格的な取り組みをみせていた時期であった。この間の経緯と以後の展開の様相を、早川孝太郎の執筆活動から少し点検しておこう。全国二二の記帳部落を経巡った独自の探訪録である先の『部落と簿記指導』第四部「記帳部落の性格」をほぼ出発点として、「農村社会における部落と家」や「農事慣習における個人労力の可能性」、あるいは、「村を歩きて」など、一九三七年、三八年に著された論稿及び探訪記は、民俗学の蓄積をベースにしながら、社会経済史的農村分析の視点が多分に織り込まれており、まさに、過渡的な時期に照応する研究成果、踏査記録といえる。しかし、それらを境に以後は、農村更生協会の機関誌『村』を主な発表機会として、農村・農家の社会経済的現状と戦時におけるその役割といった内容について取り扱う論稿が増え、さらに戦時の長期化と深化と軌を一にするかのように、分村移民や「農と国」を扱った論稿が毎号のように誌面を飾るようになり、急速に農本主義的色合いを強め、戦時増産体制のもとでの農村、農家の役割を、いくぶん高調子に、「国本農家」というキーワードを駆使して論説する稿が増えていったのである。[23]

第三節　早川孝太郎の農本主義の特徴

それでは、『部落と簿記指導』をスタートに、戦時に対応して、ある種啓蒙的な農村、農家指導という形をとって量産され、次第に農本主義の色合いを濃厚にしていく早川孝太郎の諸論稿には、どのような特徴が見出されるであろうか。

その一つは、瑞穂の国日本の国柄とそこから必然的に認知されねばならない、そもそもの農の尊さというレトリックが前面に押し出される点である。「言うまでもなくわれわれ国民の主食糧である稲は、国家の最高最古の伝説によると、天照大神が控訴瓊々杵命に向わせられて『背か高天原に御す斎庭の穂を以て、亦背か児に御言つる』と仰せ給うたものである」[24]と前置きしたうえで、「この稲を国土の津々浦々に植え、国民が等しく食うて活きることは、とりも直さず国祖の遺訓をそのままに体せるもので、これこそ神ながらの道への遵奉の表れであった」と説く。「そうしてその稲の化生が国民の肉体であり、精神で、日本民族そのものである」とし、「それらは同時にこの国土の上に化り生えたもので、その象徴であ」り、「この事実は年を経、時代が移っても、常に変わることなく繰り返されてついに尽くるところがない。この変わりなく尽くるところがない根本をなすのが農の道であった」と続く。農本来の意義の再確認と新たな価値の発見が強く説かれるのである。

「国祖の遺訓」をして「農の本義」とする一連の流れは、伝来的な農本主義の等しく共有するところで特に目新しいわけではない。しかし、時期的な問題とも関わるが、当時の増産の至上命題との連関を強調し、農家の役割を際立たせる論拠にしようとする手法は、早川孝太郎の一つの特徴ではあった。すなわち、戦時という非常時であるから、国民どの階層も等しくその目的完遂に貢献しているわけであるが、とりわけ、報国の誠を尽くしている農家にこそ注目すべきであって、また、そのことを通じて国家的伝統に思いを致すことが肝要であると力説し、農家の一際重要な役割を国家の伝統とセットにして強調するのである。特に、その国家的伝統＝農が、家によって保たれてきたことを声高に叫ぶことで、農家へのかかわりを示していたことが重要なポイントであった。[25]これは、まさに農村更生協会がめざした「下からの更生運動」、すなわち個別農家から部落へという道筋との接点であり、家族労作経営を基軸とする適正経営規模の中核農家＝中農と結びつく重要な点であった。そしてまた、一面では、早川独自のアプローチから導き出された結論でもあった。もう少し後のことになるが、国民の中核に農家を据えることを強く主張した時の早川の論拠は、農家が国土に密着した存在で普く全土に分布して定着していること、生活と生産が一体化した（理想的な）存在であること、それら故に、農家個々を強化することが国家体制を強めることに直結することをあげていたのである。

早川孝太郎の論調でもう一つ、随所に見え隠れするのは、反都会的言辞である。しかし、それは他の農本主義に明瞭な反都会主義＝反資本主義とは、いくぶん異質なところがあった。時期的に、食糧増産＝農業・農村重視が国策上もある程度取り入れられてきているだけに、異様に激越な反都会主義を煽る必要がなかったことがその一因であろう。また、早川が民俗学を原点として農への収斂が導かれていることも影響していたと思われる。早川にあって、反都会が表明される時は、生活と生産が一体化している本来の日本の在り方を破壊、ないしは正しく引き継いでいないゾーンとしての都会の問題性をやり玉にあげる場合が多かったのである。翻ってみれば、それは、農村とりわけ農家の役割を強調するうえでの対比として都市を問題にする場合であり、そのような取り扱いは、諸論稿のベーシックな部分で随所に散見される。[26]その他、不在地主の存在を問題にする際に、彼らの居住地である都会を、功利によって土地収益を簒奪するものとしての位置付けで取り上げる場合などにも見られるが、いずれにしろ、反都会＝反資本主義という明確な図式ではなく、都市と農村という構図そのものをテーマにした論稿がなかった点も含め、一つの特徴といえよう。

　早川孝太郎における都市と農村の観点は、文化的要素を強く打ち出すところにむしろ特色があり、民俗学的アプローチから発した早川の面目躍如たるところが現われていた。須く農を基本に据える一貫した視点からすると、文化的側面からみれば都市もその例外ではない。「都会に農村的伝統や文化か存在するというと、怪訝に思う人もあろうが、これまでもしばしば指摘した如くに、都会生活の基調は農村文化であった」[27]とし「農村的な生活を基調として、その上を外来文化で色彩づけていたのが、じつはわれわれの国の都会文化であった」と、あくまで文化的基軸は農村にあることを強調する。「生産即生活の農業的特質」こそが、日本の文化の源であって、都会生活はその基本を破壊し、その傾向は農村にすら及ぼうとしていると危機感を深める。[28]「わが国の農業は、かなり原始形態が守られていて、農村という小家族体による経営であるために、年ごとの生産が直接にその家族体に影響する」[29]。それが、資本主義の論理の浸潤により、生産と生活の一体的関係のなかで築かれていた生活の在り様、リズム、共同体的繋がりといった、基軸たる農村文化が後景に退き、あるいは破壊され、危殆に瀕していることが、日本全体のあるべき姿、秩序、延いては生産の減退にまで結びつく、憂慮すべき事態としてとらえられるのである。[30]

第四節　民俗学と農本主義—早川孝太郎の場合

民俗学と農の結びつきは当然深く、研究対象が多く農村に求められ、また、そこに息づく生活と生産の記録が、まさに民俗学そのものともいえるわけであるが、ここでは、農本主義との関係、とりわけ早川孝太郎における民俗学と農本の取り結ぶ関係について検討してみよう。

農業と民俗学ですぐ想起されるのは柳田國男である。もともと農林官僚として出発した柳田は、『時代と農政』を代表とする多くの農政に関わる論稿を残したが、それらは先見性に秀で、むしろ時代を先取りしていたがために却って反響が少なく、「これを理解しうる時代となった時には、すでに古典となって」[31]いたと評された。柳田は、明治当初の西洋農法の直輸入に批判的であったが、日本古来の伝統的農法を墨守する固陋な農学からも脱し、近代化に適合的な合理的農法の追求をめざした。しかし、明治三〇年代に入り、日露戦争前後から、上からの強権的ないわゆる「サーベル農政」の展開と、軌を一にする形での地主制の確立、そして他方での急速な資本主義化の進展が、柳田のめざす農業・農村の在り方と著しい乖離を示していく。資本主義の猛威のなかで翻弄される農業の行く末を案じ、小農が自立的に経営を維持することができる農業構造をめざした柳田は、産業組合機能に期待を寄せ、また、この時期あらたにその役割が見直され、運動化して広まっていた報徳社についても理解を示していた。いずれも小農の低利資金融通などの機能を有し、その農業経営を下支えする可能性を秘めていたからである。しかし、国家政策の「経済と道徳の癒着」[32]のもとで、報徳社は「分度」「推譲」を含む精神主義的側面の運動を強め、内務、文部省主導の国民統合の枠組みに絡めとられていく。柳田はこのようななかで農政に行き詰まりを感じ、民俗学への傾斜を強めていく。綱澤が指摘するように、それは、『常民』が長期にわたって支えられ、勇気づけられてきたものを大切にし、荒れ狂う資本主義の波のなかでの役割を発見しようとし」たのであり、「日本民族の辿ってきた経路の中にあるものを大切に掘り起こし、そこに脈々と流れている生命を、更に前向きに新しい価値実現への歴史形成力に用いようとした」ということであろう。その際、報徳主義と農本主義はしばしば関連づけて論じられることが多い。実際に大日本報徳会を主催した岡田良一郎などは典型的な農本主義者であったが、柳田の場合は、報徳主義の十分な理解と親和性は示しながらも、そこに埋没することなく、むしろそれを含めた「日本の伝統的精神土壌から、価値の萌芽を発見し、掘り起こし、これを新たな価値に変化させようと」するなかで柳田民俗学を成立させていったのである。

民俗学研究においてこの柳田に師事した早川孝太郎は、それでは如何にして農本主義者としての側面を強めていったか。柳田國男、渋沢敬三、石黒忠篤という人的関係のなかで、農村更生協会に関わったこと自体がもちろん決定的であり、そこで農村行脚を精力的に繰り返すなかで培われたことは間違いないと考えられるが、民俗学者早川と農本主義を切り結ぶ糸は何であったのであろうか。『花祭』に凝縮される早川の民俗学研究の過程では、数多の民俗芸能の発掘があり、その検証の積み重ねがあった。それら「芸能の原義は、一種の技、行動を意味」[33]している。そして農にも芸能的要素が含まれており、祭りはほとんどが農に関係していて、田楽はその典型で、農の技が演劇的に行われ、特に田植を中心に展開する農の流れが映し出されているという[34]。さらに、農の本義は技であるが、それは時との深い繋がりを持つ。時の一つの循環、すなわち年は、稲の播種から収穫までをあらわし、それはまた二段階に分けられ、「土を母体として種苗を新たに移植する」すなわち「生命の象徴を発展させる動機を作ることに主眼」[35]がある前段が、農の本義が具現されているところであると考える。田楽が田植えを最後の段階としているのはそのためで、日本の民俗芸能の特色がそこに示されているという。

早川孝太郎の論理展開からすると「祭り–うらない–農と、この三者の関係は一つづきで、祭りが次の機会すなわち現象に懸り、それを測る行為がうらないで、その結果にもとづいて始める技が農である」ということになる。次いで、その技たる農と時の関係は次のようになる。「天界の原理すなわち枢機に通ずることは、よく知識のみがなし能うるところで」「科学に基礎をおくものであるが、これを局外者すなわち大衆からみれば神秘という他ない」。[36] そして「その間の神秘を如実に大衆に覚らしめるのが農であ」り、「季節を測って種子を下し苗を植えれば、やがて季が至って実る。まさに未来を測るものである。しかしそれは時の集積であり象徴を意味している」ことになる。つまり「稲が時の集積で、その一連の象徴で」「この一循環の過程が年であ」り、「それを形式に表したものが暦である」という連関になっていく。ここに早川における民俗学と農本との繋ぎ目があったようである。

そして、この農の本義を説く道筋の中に、また、神ながらの思いとそこから導き出される国体観念が横たわっていた点も見逃せない。「天界の原理」すなわち局外者＝大衆によっての「神秘」を「あえて知る者は人にして人にあらず、天意を享け継ぎ、あるいはその命を負うて降臨した」者に他ならない。[37] さらにその「神秘」を大衆に知らしめるのが農であるが、それはすなわち時の集積であり、形に現れたものが暦である。そしてそれは「尊貴から恵まれる過程」、つまり「上から恵まれる」ものであって、「年々に編纂し頒布の権は、早くから政治と結びついてい」て、「たとえば文武天皇の大宝元年に制定あったと伝えられる暦奏の御儀なども」「暦の編纂が、皇室に関係あったことを物語っている」とする。そしてこれが「われわれ民族の国家観、生活観の根本である」と結論づけるのである。

「農をもって国の本とする思想」についても同様に、その起源は次のように解説される。「わが国でこの語が国家的信条として成分化したのは、第一〇代崇神帝の御詔勅が最初であ」り、「そもそもの意味は農という職業ないしは生活の手段が、結果において国家存立の基本であると言うよりも、むしろ国家が農によって立つ、言い変えれば、国家の往くべき道が農であるという深い内容を含んでいる」として、農と天皇と国家の結びつきの深さを強調するのである。

第五節　「国本農家」の創設と皇国農村建設

戦局の悪化と長期化に従って、食糧増産が至上命題となり、全体としてその給原である農村への目線が強まるなかで、早川孝太郎の農への視点は、とりわけ農家に収斂していく。そして、その際、「公器」という独自の位置付けで、その役割、機能を定義づけようとする。「村は国家の重要な戦力の根源で、そうして国民生活の中核である。あらゆる国家の機関が停止されてもなお生命が続けてゆかれる。方法はどうあろうとも、そこにあるあらゆるものが、国家を維持する上に必要な公器である」という具合である。そして、それは「所有権や耕作権等は遙かに超越した存在である」と位置づける。これは、現実の農村にしつかりと根を下ろしてしまっている地主制の問題を議論の埒外に置くことを常道とする、農本主義一般の特性に繋がる点で、早川の場合は、その論拠を、それを乗り越えた「公器的性格」に見出そうとするところに独自性があった。そして、この位置付けは、農民に向けて、時局に対する認識、自らが担うべき役割についての再確認を説く際に、あるいは、時局産業や軍用施設開設等への農業者の勤労報国動員を批判する際に、その主張の論拠として用いられた。特に、農業者の農業外動員に関して厳しい批判の矢が浴びせられた。「冬分のいわゆる準備期間に、勤奉隊として多くの家で男たちが一か月あまり土木工事に連れてゆかれた」。その結果「農作の初期に少しく作業が遅れた」ことが、その後の遅れをもたらし、結局除草時期になって「田畑ともに雑草が蔓り手の下しようがない」状態になってしまった事例をあげ、農業の特性を理解しない政策の杜撰さを鋭く指摘する。農と時についての早川の持論からすると、時との絶妙な関係性のなかで、その醸し出すリズムに従って成立している一連の農作業の流れは重要であって、そういった部分を無視した外部からの圧力については、例えそれが国家権力の方針であっても、肯んぜられない姿勢を明らかにするのである。これもまた、民俗学的道筋から行きついた早川の農本主義の一つの大きな特徴であったといえよう。

食糧増産の掛け声が悲壮感をともない、一種虚ろな響きを持って、それでもあちこちで高唱された敗戦間近の頃になると、早川孝太郎の課題解決への方途は、さらに目立って、期待すべき個別農家の姿に投影されていく。そしてそこで措定される農家像が「国本農家」である。「国本農家は国家の基本として、国家性を強く保持する農家の謂いである」(38)と定義づけるように、国との一体感を持った農家としてその存在を規定する。国家性とは国家目的との関係で、先ず、次のように前提される。すなわち、「国家の最高目的は、国土とともに民族永遠の反映を期することは異論がない。それには先ず国民食糧の確保で、農が国家目的に合致する最大のゆえんである」ということになる。しかし、早川の農家の議論の収斂は、このようなところで止まっていない。これからは、工業化も進み、知識能力も多岐多様に分かれ、交通の発達、商業活動の展開などのなかで、その傾向はますます激しさを増していく。そういったなかで「国家の要求は、自主的精神に燃え、あらゆる知識能力にわたって均衡が取れていて、形式に捉われずに、公正な判断力を持っている人物を国民中に出来るだけ多く保持」することで、その際、「これを国民階層のいずれに索めるか、あるいは索め得べき道があるか否かを先ず考えなければならない」とする。そして、種々の職業や学識などについて「検証」を試みたうえで、多分に反都会的色合いの強い判断基準が用いられているのだが、いずれも多くを期待できず、なおかつ「教育や錬成をもって補い得ない」ので、将来に暗澹たる思いを致さねばならなくなると嘆じる。しかし、そこに一縷の光明が見出される。「ところがここにあたかもその杞憂に答えるかのように、国家のますます期待する国民的人間的本然の能力を日々の生活に体得して練磨して、機械的にもならず一方に偏しもせず、しつかりと大地に足を下して自主的生活を続けて、しかも重大な国民的義務を果たしつつある階層がある」とし、「それは言うまでもなく農家で、現在ではすでに多くはないかも知れぬが、国家的食糧生産の農場として資格に当て嵌まる規模と能力を持っている。したがってこの種の農家を目標に国民中に一定数量以上を培養し確保することは、国民中に中核体を設け、さらに民族的能力の源泉を保持するゆえんである」と結論づける。

このように国家目的に沿った中核的役割を農家に措定したうえで、次には、その農家の選別に論は進む。農家にはこれまで「頑迷固陋、因循姑息と謂いその他知的能力が欠如しているとか、感情が粗野であるとか依頼心が強いなどの」評が浴びせられていて、「国民の中核は愚か、中に加えるさえ躊躇される」ところであったが、これらは「農民として農家として、僅々一反歩か二反歩を耕している兼業農家零細農家または農業労働者までを引っくるめて」いるからであると断ずる。このようにして、経営規模の狭小な農家、多く農外収入に依存している農家、不在地主、自家用飯米のみを耕作する農家などを選別、除外したうえで、「われわれのいわゆる国本農家の理想をありていに言うと、自作農家で一定量以上の土地を自家労力で耕作し、家畜もほどよく飼ってその利用も合理的である。金銭収入はさして高くはないが、自給に工夫と創意が盛られているので生活は簡素であるが充実している。年間の行事その他日常生活にはすべてに農家らしい節度と規律が守られていて、家族の者が気を揃えて働き、季節に後れぬよう先へ先へと仕事の繰廻しがよく渋滞混乱がない。大切な時期の大切な仕事には、平素の三倍も五倍もの働きをして処理してゆく。万事が大らかでコセつかず不平がなく、天災異変に遇っても度を失うようなことはない」といった農家を描き出す。これを称して「農家らしい農家、逞しい農家」として、その数を農村に増やし、そこを中核とした食糧増産体制の基盤を築こうとしたのである。

第六節　小括

農村更生協会時代を中心に早川孝太郎の行動とその果たした役割について検討してきたが、ここで示された国と農、とりわけ当時の国家使命と農家の役割に凝集していく議論は、独特の道筋で組み立てられた特徴あるものであった。

しかし、結果的に行きついているところは、食糧増産の担い手として、その要請に応えうる「逞しい農家」の創出と、そこを中核とした増産基盤としての農村＝皇国農村の建設であった。つまり国策を跡付け、そこに農村民を糾合するための統合イデオロギーとしての農本主義であったわけであるが、農の本義を説き、国体との整合を際立たせるそのイデオロギー手法には、早川孝太郎独自の色合いがあった。

柳田國男が日本の精神的土壌に深く分け入り、そのあるがままの姿をとらえるなかで新たな価値を見出そうとして民俗学を大成していったのは、まさに資本主義の猛威のなかで翻弄される日本古来の伝統を、そしてその具現である農を慈しみ、その本質を見極めることによって、守るべき価値を見い出すためであった。そして、本来その役割を現実政治のうえで果たさねばならないはずの農政への失望がその発端であった。その柳田に師事して民俗学の研究に踏み込んだ早川は、逆のルートで農政への関わりを強めていったわけであるが、農への愛着とそれを尊ぶ理念には相通じるものがあったといえる。全国を踏査し、山深い農村にも分け入って農民と親しむ早川の姿に、農民も心を開き、あちこちに信奉者、支持者、そして深く厚誼を結ぶ人々が増えていったのは確かである。その早川が、農の本義を国体との結びつきで解説し、時―暦の刻みと農の一体性を説き、それがまた天皇の政治支配の正統性と結び合わさって論理展開される時、そこには農が国の基いであることについての背景説明ができ上がり、矜持を持って農に勤しむ人々の琴線に触れたであろうことは想像に難くない。とりわけ古来からの伝承や、それが今に息づく歴史的経緯が紐解かれ、人々の周囲を取り巻くさまざまな習俗やしきたりとの関係で説明つられる時、そこには説得力が生まれ、親和的雰囲気が醸し出される。実際に早川の語り口は平易であり、実証は微細でありかつ至極ていねいであった。更生協会主催の各地での講演会や簿記記帳講習会、あるいは更生研究会などでは、そこに集まった多くの村、部落の中心人物たちの関心を引き寄せ、耳を傍だたせたことであろう。『村』に毎号のように掲載された論稿にも、その語り口の特徴が滲み出ており、多くの読者を引きつけたことは明らかであろう。

農は国の基であり、その農は時との強い連関性を持った技、すなわち科学であり、それを扱う農民・農家は、すなわち国を支える公器たる使命を持った存在で、古から時を恵としてもたらす尊貴なるものからその地位を安んじられたもので、それ故、今まさに国家が必要としている課題＝食糧増産に逞しく応えなければならない。こういった道筋が学としての背景を負いながら、細密に語られる時、農の本義について首肯し、共感する多くの農民の姿があった。ここに早川孝太郎でなければ開けなかった農本の世界があったのである。

第九章　戦時経済体制への移行過程

はじめに

第一次世界大戦以後、資本主義の経済発展を遂げた日本は、産業政策の軸を資本制生産の拡大に置き、その方向を維持し続けた。そのなかで、農業は、基本的に農工間格差、すなわち農工間における鋏状価格差（シエーレ）によって支配され、一貫して工業生産品の価格に対する農業生産品価格の劣位によって蝕まれていったのである。すなわち、「農工両生産品の価格の間には概して鋏状価格差を発生し之が為め農村経済の収支の均衡は破れ農家の負債は累年増嵩の一途を辿り農業側は工業側に対して常に債務者の立場に立つを余儀なくされた」[1]のである。そして、農工それぞれへの国家資金の投入は、一九二〇年代以降、彼我のバランスは明確に崩れ、工業部門にその多くが注入された。そのような「工業部門の全体的優勢に影響せられ国家の経済政策は常に都市産業偏重の傾向によって指導せられ、農村救済策が行われるのはたまたま農村経済の窮迫が極度に達して之が放置により社会不安が助長せられ国民経済の破綻を来す虞ある場合に限られ」ていた感すらあったのである。

そのようななかで、昭和農業恐慌と打ち続く凶作により、農業・農村は、膨大な農家負債の累積という結果を招き、社会問題化していったのである。まさに極度の窮迫のなかで、社会不安が醸成されたのである。そのため、ここでは対策が施された。[2] 実際に、恐慌後、農村負債整理は農業部門のみならず国家的課題であり続けたし、農家利益の確保のために米価維持は必須であり、また、農業経営支援に向けての低利資金融通はその必要性はもとより、一貫して増額が叫ばれた。

このように、農業危機の深刻な事態に対しては、応急、恒久二様の方向で、一定の対応がなされたが、一九三七年の日中戦争全面化以降の戦時体制期になると、戦時に照応した軍需重化学工業最優先の産業政策が確定し、その結果、農業に対する政策的対応は後景に退くことになった。この後、農村人口の定有をはじめとする、農業・農村への対策が次々に講じられるのは、戦時が深化し、戦局の悪化が明らかとなった一九四一年以降の本格的戦時体制に入ってからであった(3)。そして、それは取りも直さず、国民食糧の確保、そのための食糧増産が、戦争遂行にとって必須の課題として突きつけられたことによってであった。

産業政策のうえでこのような位置に置かれていた農業・農村は、しかし、戦時体制期に入る前後から、昭和恐慌と連年の凶作の打撃を乗り切り、戦局の進展とともに、農家経済の収支バランスを好転させ、収益増を果たしていった(4)。軍需農産物や工業原料作物などの価格堅調が影響していると思われるが、その実情はどのようなものであったのであろうか。農家経済の好調さが現れているようで、しかし、戦局の深化にともなって、いわゆる「職工農家」は急増し、応召、徴用をはじめとする農外への労働力流出も顕著であった(5)。農業の生産力基盤そのものを脅かすような状況が深まるなかで、農家経済の安定的維持は果たされていたのであろうか。農家の収益増の背景にある戦時期の農業・農村の実態について、多角的に照射することで、その構造を明らかにしてみよう。その際、農業における生産手段の原資である農地の在り様、多労多肥を特徴とする日本農業にとって決定的である労働力、肥料供給などについて着目し、三七年の日中戦争全面化以降、四一年、アジア・太平洋戦争に至るまでの戦時経済の実態に、農業・農村の視点から光を当ててみよう。

第一節　統制経済への移行

満州事変以後、準戦時体制期に向けて軍事費優先の財政政策、金融政策が取り組まれるなかで、外に対してはブロック経済化を推し進める一方で、国内的には、軍事費調達と軍需産業化への移行を、日本銀行引受国債の方途による資金調達で果たしていく、いわゆるリフレーション政策が進められた。そのことにより、日本経済は総体として、次第に自由主義経済から離脱していった。そのため、自由主義経済のもとでは、産業活動を原動力として資金循環が図られていた構造が徐々に変化し、日本銀行引受国債によって創り出された政府財政資金が資金循環の主流になっていった。すなわち、国民経済の内部で、さまざまな経済活動を通じて、その意味では健全な経済的自己発展を遂げるなかで生み出された蓄積資金ではなく、財政金融施策として導入された人為的資金が軸になっていったのである。

このことは、自律的、自由主義的経済活動の結果として、自動調整機能が働くなかで資金循環が行われるのではなく、人為的調整作用が強く働くことを意味し、それは自ずと金融局面のみならず経済活動全般に影響を与える結果に結びつくことになる。そして、それはさらに、一部のコントロールが他の部面との軋轢、矛盾を惹き起こさないような人為的操作、すなわち経済全般における統制の強化につながっていくことになるのである(6)。

しかし、その最終局面である本格的戦時統制に至る過程には段階があり、全産業に一挙に統制の網の目が被さっていったわけではなく、そこには一定の時間を要する、ある程度緩慢な移行過程があった。そして、資金投下においても、軍需産業に集中していく過程は着実に進行しながらも、本格的戦時以前においては、軍需産業関連への投下資本が、循環を繰り返しながら、巡り巡って軍需以外の諸産業に最終的に落ち着くような場合も少なくなく、それが全体としての好景気を支えるような役割を果たして、軍需以外の産業構造にも影響を与えていたと考えられるのである。

第二節　農産物価格の動向

そのような経済の進展過程を前提として、日中戦争全面化前後の農業部門での諸変化について、その特徴を検出しておこう。総じてこの時期、農業は堅調であったといわれるが、それは、昭和恐慌と九年凶作以後の連年の収穫減が

表 9-1　農産物価格指数

年	米穀	工業原料作物	生産食糧品
1936	100	100	100
1937	105	130	111
1938	112	167	140
1939	122	181	154

出所：日本勧業銀行総務部総務課『戦時戦後を通ずる農村経済の変貌』1945 年 12 月。

余りにも大打撃で、そことの相対的な意味という要素も大きいが、やはり戦時経済に向かう過程で創出された、経済全体の実際の上向曲線を背景としていたことも確かであった。その牽引力となったのは、農産物価格の好調、とりわけ軍需をはじめとする工業原料関連の農産物の価格上昇であった。米穀を含めた指数で推移を追ってみると、表9―1のようになる。

表9―1で明らかなように、全体に農産物価格そのものが上向していたなかで、その軸となって高い上昇率を示していたのは工業原料作物であった。ここでは区分が明らかにできなかったが、この工業原料もやはり軍需関係の農産物にリードされていた可能性が高いと考えられる。それは軍需重化学工業化を推し進めようとしていた産業政策全体の動向からもうかがえる。一例として工業原料として政府が増産を進めた麻類について作付面積の推移を追ってみると、その政策効果は明瞭に読み取れる。すなわち、大麻の作付面積をみると、一九三六年で六、二七五町であったものが、三九年には八、五六〇町に、もともと作付の多かった亜麻は、同じく三六年一五、九九〇町から三年間で二八、九六五町へ、黄麻も、三六年で六三二町と作付こそ少なかったが、三九年には、一、一二四町と、いずれもおよそ一・八倍にも作付面積を増やしていたのである。[7]

軍需産業にリードされた重化学工業化は、また、別の側面でも種々の変化をもたらした。労働力についてみてみると、当然のごとく、工業発展は、工業労働人口の増加をもたらし、それはつまり、都市人口の増加を意味していた。[8]実際に、大都市はもとより、この時期、地方の中小都市も殷賑を極め、流入労働人口で膨れ上がったが、その源はもとより農村からの農業労働力であった。この労働力移動は、さまざまな影響を諸領域にもたらすが、それは後述するとして、ここでは、このような都市の拡大が、つまり、消費市場の膨張を意味していることから、食品原料としての農産物の需要を高め、その結果、その価格にも影響を与えることになった点に触れておこう。特に都会的な農作物の消費拡大は、そこに向けた生産の増加をもたらすことになる。その一方、戦時が深化するなかで、主食原料作物の生産維持が至上命令となるなかで、これら都市向け商品作物には生産制限が行われることになるが、その施策結果についても同時にみておこう。

ここでは、それらの典型として果樹の作付面積の変化について、先ず、表9―2でみてみよう。都市の拡大とそこにおける需要増をそのまま反映して、作付面積が明瞭な右肩上がりを示していることがわかる。しかし、一九四一年に一転して下降しはじめるのは、この年、戦時の深化を背景に、主食的農産物の生産確保と価格維持を目指して施行された臨時農地等管理令によって、桑、茶、薄荷、煙草、花卉などとともに、果樹も作付制限が行われたためであった。これまで米と並んで日本農業のもう一つの柱であった養蚕業でも、その原料である桑の作付制限によって、やはり栽培面積は減少し、大きな影響を受けることになったのである。表9―3がその急減の様子を良く示している。他の作物についても推移を追った表9―4でも明らかなように、一貫して減り続ける薄荷の急減の様子とともに、茶や煙草でもそれまでの順調な伸びが、統制の結果縮小傾向に向かっていたことが明らかとなるのである。

米穀についてはすでに良く知られているが、取り敢えず確認だけしておこう。米価は、朝鮮の大旱魃による移入の減少と、その一方での軍需増加などにより、一九三九年を境に急騰に転じることになる。そこに一九四一年以降の本格的戦時体制のなかでの軍需の急増が加わることになる。すなわち、四一年には約一〇〇万石を計上された軍需米は、四三年には二倍の二〇〇万石を超え、翌四四年は四〇〇万石、そして本土決戦が叫ばれた四五年に入るところでは五〇〇万石に近い数量が必要とされるに至ったのである。これに対して、民需も当然増加傾向をたどることにな

表 9-2　果樹作付面積の推移　（単位：町）

	1936 年	1937 年	1938 年	1939 年	1940 年	1941 年
果実類	142,421	145,750	146,759	150,605	156,814	136,611

出所：日本勧業銀行総務部総務課『戦時戦後を通ずる農村経済の変貌』より著者作成。

表 9-3　桑園面積の推移　（単位：町）

	1936 年	1937 年	1938 年	1939 年	1940 年	1941 年	1942 年	1943 年
桑園面積	566,230	561,072	549,315	533,380	533,918	494,449	413,624	363,960

出所：日本勧業銀行総務部総務課『戦時戦後を通ずる農村経済の変貌』より著者作成。

表 9-4　茶・煙草・薄荷の作付面積　（単位：町）

	1936 年	1937 年	1938 年	1939 年	1940 年	1941 年	1942 年
茶園面積	38,707	40,126	40,134	40,383	41,021	39,178	36,449
煙草栽培面積	35,354	34,909	37,375	42,476	48,473	46,069	44,116
薄荷栽培面積	21,724	21,144	21,090	22,324	14,089	9,322	4,816

出所：日本勧業銀行総務部総務課『戦時戦後を通ずる農村経済の変貌』より著者作成。

る。軍需工業労働者の著増はそれに見合った配給の増加を必要とし、また、一九四二年からは、港湾荷役、炭鉱金属鉱山、鉄鋼、造船の重点産業をはじめ、木炭、木材関係労働者に対する一人一日一合の特配などが行われるなかで、必要米穀量は累増していくことになった。(9) この需要の増加にともなって当然価格の上昇が見込まれたが、主食価格の増嵩は忽せにできないことであり、政府は価格統制によってそれを抑え込んでいった。

第三節　農家収支の実態

このような生産増、価格上昇のなかで、農家収入も増加し、特に戦時に至って一九四三年からは急増した。一九三六年を基準とした指数でみると、農家の収益は順調な伸びを示し、三八年には一・一七倍となっていたが、三九年には約一・七倍、四三年には二倍を超え、翌四四年には約二・三倍まで達するという増加を示していた。ただし、この間の生産数量はほとんど伸びがなく、横這い状態であったから、生産物価額が約一・七倍と大きな伸びを示したことが結果となって現れたことは明らかであった。(10) この価格騰貴の原動力となったのは、先にも見たように軍需産業を中心とする工業原料作物の急騰で、そこに副食品、都市向け嗜好作物の昂騰が加わり、最後に穀物や諸類が続く形で進んでいったのである。

これに対して農家支出はどのような推移をみせたのであろうか。本来ならば増産の掛け声のなかで、多労多肥型の農家経営は、その両要素をさらに経営に注ぎ込み、要請に応えていかねばならないはずであったが、現実は、そのいずれの要素もが不足するなかで、食糧増産の要請に応えねばならなかった。ここに、この時期の農家の非常な苦労があったのである。(11) 肥料については、農家の需要が膨らむなかで、出荷は減少の一途をたどった。その最大の理由は肥料工場の他への転用による生産の減退であった。その転用先は兵器工場であり、戦時の進展にともなって兵器需要が無限に高まるなかで、その要請に応えるために肥料生産は置き去りにされたのである。これは肥料工場がわずかな生産工程の組み直しによって、容易に兵器生産に移し替えることが可能であったために生じた結果であった。実際に農家が消費できた肥料量は、窒素肥料が、一九四〇年の約一八〇万トンをピークに、以後減少の一途をたどり、四二年約一四四万トン、四三年一一一万トン、そして、翌四四年には五一万トンまで落ち込んでしまった。燐酸肥料に至っては、四一年から四三年にかけてほぼ半減し、四四年には一割近くまで出荷量を減らす有り様で、もはや増産どころか、生産の維持すら難しいほどの供給量しか農村は確保できなかったのである。生産手段のもう一つの大きな要素で、増産のためには必須の農機具についても、そもそも不足していた鉄鋼材のほとんどが軍需に振り向けられたために、こちらには回って来ず、必要量を確保することができず、生産増の支えには全くならなかった。

農業生産に関わって大きな支出品目であるはずの肥料と農機具について、供給が滞っていたために、折からの物価昂騰にも拘わらず、農家支出はこの時期でも目にみえた増加を示さず、最高時でも三六年の約一・三倍ほどで、四四年にはむしろ二割減を記録するほどであった。支出を抑えたというより、本来支出すべきものが供給されなかったために生じた結果であったといえる。

このように農産物価格の堅調、とりわけ、人口増となった都市に向けた農作物に関してその出荷量の増加も加わって、総じて高価格が農家収入の増加をもたらした。その一方で、支出に関しては、本来の主要支出対象の肥料と農機具の供給不足により、農業生産にとっては痛手ではあったが、結果的には支出減となって現れることになった。このことは、すなわち農家収支の面では、収入増の結果となり、堅調な経済状態に結びついていった。その結果農家の実所得は、三六年を基準にした時、一九四〇年で約二倍、四四年で約三倍という増加ぶりを示していた。ただし、それらがすべて、これまでみてきたような、工業原料農作物を筆頭とした農産品価格の好調によってのみ支えられていたのかというと必ずしもそうではなく、戦時に特有の要素が大きく関わっていたところに特徴があった。

その点について、次に、目を転じてみよう。

第四節　農業労働力の動態

農家経済上向の原動力となった農産物価格の昂騰も、平時におけるそれではなく、戦時を背景とした物価昂騰の一環であり、統制経済の価格抑制の網の目を潜った闇価格の横行によってもたらされたという点では、やはり一種の特殊事情を背景としていたといえよう[12]。農業部門から非農業部門に向けて、生産物が健全に流通し、適正な商品価格による正常な取引の結果ではなかったところにやはり留意しておかねばならない。それと同様に、農家経済の堅調を支えていた次のような要素も、やはり戦時であることを背景にしていたととえる。

日本農業の経営の特徴が多労多肥にあることはあらためて指摘するまでもないが、そのうちの肥料については、戦時期故の供給不足の状態であったことはすでに触れておいた。ここでは、もう一つの多労の側面に照射することで、この時期の農家経営の特徴に切り込んでみよう。

多労型の農業経営にとって、労働力確保は生産の基本条件であり、そこに不足を生じると、直ちに農業経営に支障を来すことになる。戦時の本格化にともなって、応召をはじめとする動員は、当然農村に向けられ、多くの労働者が農外へ移動することとなった。これら応召者は、そこでの俸給を農家に還元しその家計を補充するなどで農家経済の助けになる場合もあったと思われるが、現実は、「応召者の増加は農村に直接資金を流入せしめる因子としてよりは寧ろ農業生産条件を悪化させる因子として軽視できぬ要因となった」[13]といわれたように、多労型農業経営に与えた影響の方が大きかったと考えられる。労働力の農外流出は、この応召、徴用などの戦時動員だけでなく、軍需重化学工業化最優先の産業政策のもとで、工場の集まる都市が殷賑を極め、そこでの高賃金による労働力吸引が、農村労働力を大量に奪っていったことによってももたらされた[14]。

そのようにして農外に転出した労働人口を正確に把握することは、戦時であることもあって難しいが、農業人口統計の数字をみてもある程度の推量は可能である。すなわち、男子のみであるが、一九三〇年の農業人口は約七五九万七、〇〇〇人であったものが、一九四〇年には、六三六万五、〇〇〇人、四四年には五〇二万人、そして四五年には四三〇万八、〇〇〇人まで激減していたのである[15]。

同様の趨勢を兼業農家の推移でみてみると、次のような特徴となって現れる。三六年の戸数は一四二万一、〇〇〇戸で、総農家に占める割合は二五・四％であった。それが三八年頃から増えはじめ、この年で一八一万五、〇〇〇戸、全体の三割三分ほどを占め、さらにその数は年を追って増え続け、特に戦時が本格する四一年には、三一九万四、〇〇〇戸と急増し、総農家中の五八％にまで達し、四三年には六五％にまでその割合を高めていくことになるのである[16]。

表 9-5　農業労働力の農外流出により得られた収入　（単位：百万円）

1936 年	1937 年	1938 年	1939 年	1940 年	1941 年	1942 年	1943 年	1944 年
3,568	3,581	4,590	4,956	5.368	9,372	9,650	12,340	14,416

出所：日本勧業銀行総務部総務課『戦時戦後を通ずる農村経済の変貌』。

上の兼業農家に関するデータは戸数であるから、つまり世帯主についてである。これを家族労働まで範囲を広げると、先の農外への労働力流出の実情がうなずけるであろう。その点をも考慮に入れて、この労働力流出によって得られた収入が、どれほど農村内に持ち込まれたのか、それを推算したものが表9―5のような数字として出されている。あくまで推定ではあるが、その規模と推移、とりわけ戦時の本格化に至って労働力の農外流出によって多額の資金が農村に還流し農家経済を潤していた様子が推測される。その金額は、三六年のほぼ四倍にもなっていたのである。

この農外流出労働力の中心がどの階層に属しているかについては、詳しいデータを入手できなかったが、土地所有の有無、そして所有している場合は、その規模と相関することは恐らく間違いないであろうから、小作層が主軸で、自作地の所有規模に照応しながら自小作、自作と続いていくことはほぼ想定できることであろう。[17]そして、他方で、軍需産業をはじめとして非農業部門の労賃は戦時の深化とともに高騰していくので、農外労働からの収入は次第に多額になっていったと考えられる。実際に、一九四三年、四四年ごろの日雇い労働賃金は、一五円程度から三〇円近くまで急騰し、そのため、小作農の所得が自作農のそれを大きく上回る例が報告されていた地方もあったという。そして「右の事実は自作農の生産意欲を減退させ、自作農労働流出の一原因となるに至った」[18]といわれるまでになったのである。そしてまた、「併し十九年から戦争末期へかけての農産物闇取引の盛行、闇価格の暴騰は斯かる所得の不均等を再び均等化するに至っているのでないかと思料される」というように、その不均衡の是正、土地所有農民の不満の解消が、生産物闇価格の昂騰によって果たされるというに至っては、戦時農業経済の偏奇性はもはや極まれりといった感があったといえよう。

第五節　農耕地の減少

農家経済の好調を裏づけたもう一つの要素として、土地からの所得があげられる。このこと自体が、実はこの時期固有の特徴であり、農産物所得とは異なり、また、農業労働力の流出とも性格の異なった、農業にとってもっとも根本的で、深刻な事態ともとらえることができるであろう。その様相をデータで追ってみる。表9―2～4に一九三六年以降の毎年の農地転用面積を示したが、戦時の進展とともに、これだけの土地が農用地から他へ地目返還していたのである。そして、その多くが飛行場などの軍用地、あるいは軍需工場の敷地など、軍事力増強、産業の軍需重化学工業化の資源として活用するために使われていったのである。(19) これら地目変換の累計は、この七年間で田がおよそ四万六、〇〇〇町余り、畑は七万三、〇〇〇町余りに達し農業生産にとっては決定的な損失を与えることになった。しかし、これらの売却代金あるいは貸金が所得として計上されることによって、農家経済にとっては相当の利益をもたらすことになったのである。推計を含めてであるが、その推移を追ってみると表9―5のようになる。

表9―6の転用面積の推移からもうかがえるように、アジア・太平洋戦争の開始とともに戦時が一挙に深化するその経過と照応した形で、田畑転用面積も拡大し、その結果、推計ではあるが、表9―7のように、農村にも多くの利益がもたらされることになったのである。しかし、総計約八億円ともいわれたこの利益は、あくまで一時的な臨時収益に過ぎず、しかも、それは農業の基盤そのものを自ら掘り崩す形で進められているわけで、農業そのものにとって深刻な事態といわざるをえない。それは表9―7でも明らかなように、四一年の本格的戦時期に入って、農耕地はその面積を減らし生産に大きな影響を与えていたのである。この一方で盛んに呼号された食糧増産の掛け声は空しく響かざるをえなかった。そして、この農地の減少は、先の農業労働力の流出と並行して進展していたわけで、戦時末期に、

表 9-6　転用田畑面積推移　（単位：反）

年	田	畑	計
1936	33,282	49,933	102,215
1937	75,349	63,460	120,809
1938	75,578	98,094	173,672
1939	68,756	67,094	133,850
1940	66,464	75,198	141,662
1941	63,056	167,129	230,185
1942	80,159	211,965	292,124

注：1943 年 , 1944 年について民転用面積の推計から導き出した推計値。
出所：日本勧業銀行総務部総務課『戦時戦後を通ずる農村経済の変貌』。

表 9-7　田畑転用により得られた農村利益　（単位：千円）

1936 年	1937 年	1938 年	1939 年	1940 年	1941 年	1942 年	1943 年	1944 年
36,109	41,671	69,040	62,616	77,394	110,489	136,161	143,795	163,613

注：1943 年、1944 年については、転用面積の推計から導き出した推計値。
出所：日本勧業銀行総務部総務課『戦時戦後を通ずる農村経済の変貌』。

農業生産そのものが、いかに危殆に瀕していたかが良くわかるのである。

土地、労働力の流出は、つまり農業経営の縮小を意味しているので、他の生産手段も漸次手放され、その数を減じていくのであるが、他方、それが換金されることで、これも一時的であるが、農家の収入増の裏付けになっていった。農機具は先にみたように、必要量の供給自体が充足されないような状態であったから、経営縮小によって現金化されたとしても、その額は限定的であったであろう。むしろ、家畜の放出が農家収益に結びついていたことが報告されているが、その代表が馬であった。戦時には軍用馬の需要が急増し、その充当に農耕馬が期待されたのである。正確な数字は伝わっていないが、その数は戦時期を通じて約三〇万頭といわれ、当時の取引相場である一頭一、〇〇〇円程度で見積もると約三億円の利益が農村にもたらされたことになり[20]、これも決して無視できない額になっていたことがわかる。しかし、いうまでもなく、機械化が思うように進まなかった農業経営にあっては、畜力は欠かせない生産手段であり、人間一〇人分と良くいわれるように、一馬力を人手で代替するのが、どれだけのエネルギーかを考えれば、農耕馬を手放すことは、著しい生産効率の低下につながったことは確かであろう。そしてその結果は、農業経営の粗放化であった。

注

第一章

（1）明治末～大正初期にかけて、県・郡・市町村では、「是」と称する将来計画を樹立する事業が取り組まれた。それらの多くは、計画樹立の前提として、現状の実態把握を行うために基本調査を行い、それを「是」の巻頭に置くことを通例とした。そして、市町村是の場合の多くは、その基本調査のデータとして村内各区のデータを収集することが多く、それらが単年度及至数年間にわたって残っている場合が多く、市町村の実態把握のために有用である。しかし、経年変化を調べることを目的としていないため、限られた時期の実情のみという限界がある。

（2）調査品目としては水稲と繭だけであるが、例えば水稲では、作付反別、収穫高、生産価額などが、また、繭についても養蚕戸数、蚕掃立数量、収繭高、繭価額などの調査項目がたてられており、それらについての市町村データが得られるようになった。ここで、後にデータとして掲げ検討の素材としているのは、対象地のそれらのデータである。

（3）ここで説明を加える新潟県の地帯構造については、明治末以降整備された府県統計書の郡市レベルのデータで跡づけることができるのであるが、データそのものの数値が大きく煩雑になることと、事例とした対象地の基礎データの提示に紙数を割くこととして、ここでは割愛した。郡市を括りとした三類型は、県内の諸々の調査や事例の検討の際に、通例広く採用されている。

（4）具体的な事例を一つだけ掲げておくと、たとえば便宜上中間地帯に含めた古志郡は、長岡市に近い平場地帯の村々と、山古志村のように完全に山間に位置する村とが一郡に混在してしまうことになる。平場地帯は水田耕作中心の高位生産力地帯に近く、山間の村は耕地の水田化率そのものが低位の農業構造で、その隔たりは大きいものであった。郡をまとまりの単位とするとこのような無理が生じてしまい、分析の精度に影響が出てしまうことは明らかである。同じ中間地帯として分類した三島郡、刈羽郡についても、この点は古志郡と同様である。

（5）西蒲原郡のこの間の経緯については『西蒲原郡土地改良史』に詳しい。

（6）ここでは、昭和恐慌期以降の六日町の実相を仔細に検証することが目的でなく、一九三〇年以降、市町村レベルのデータが掲載されるようになった府県統計書を用いて、地域実態がどれほど検証できるか確認することを目指している。六日町地域に残存し、当時の状況を伝える資史料、とりわけ勧業データなどを突き合せれば、当時の農業構造の特徴などはより精細に明らかにできるが、ここでは前述のような意図から、あえてそれらを用いず、何をどこまで明らかにできるか検証することを試みることにする。

第二章

（1）都市の経済発展と周辺農村への影響を考察しようとする時、両者の取り結ぶ関係はさまざまな局面で現れるが、とりわけ労働力移動に顕著に見られ、またそれだけに矛盾も顕在化しやすいと考えている。この視点については詳しくは拙著『戦前日本農業政策史の研究』日本経済評論社、一九九三年を参照。

（2）拙稿「昭和恐慌回復過程での農工間隔差と農業基盤への影響―大阪府を事例として」白梅学園大学・短期大学『紀要』第四九号、二〇一三年三月。ここでは、昭和恐慌回復過程で急激な重化学工業化の下、飛躍的な経済発展を遂げた大都市大阪の実態と、その影響を周辺農村がどのように受け止めることになったのを、主として全府ないしは郡市レベルのデータ分析によって明らかにした。本章では、それをベースに個別農村の事例分析によって、その実情をより詳細に検証しようと考えている。

（3）拙稿「第一次世界大戦期の都市化の進展と小作争議」田﨑宣義編著『近代日本の都市と農村、激動の一九一〇―五〇年代』青弓社、二〇一二年三月。ここでは農工間格差の典型的な発現形態としての小作争議の発生メカニズムを検証しながら、名古屋のような大都市の場合、その資本主義発展が余りにも急激なために、その影響は、従来から提起されていたような賃金格差を主要素とした自家労賃意識などを媒介にする時間的ゆとりなどないままに一挙に押し寄せ、農村を否応なく席捲していく点を強調した。この点は、重化学工業化が急速に進んだ一九三〇年代の大阪市周辺でも確認できるのではないかとの見通しを持っている。

（4）大阪府及び大阪市を対象とした研究蓄積は膨大であって、ここにすべてを掲げることはできないが、主として一九二〇年代を中心に都市化と小作争議のテーマで大阪市とその周辺地域を取り扱った研究として田﨑宣義氏の以下のような一連の成果がある。田﨑宣義「戦間期農業問題論ノート」『地域社会発展に関する比較研究』一橋大学社会学部、一九八三年。同「都市化と小作争議―都市発展説序説」『一橋大学研究年報社会学研究』二六号、一九八八年。同「都市化と地主小作関係の変容」田中浩編『現代世界と国民国家の将来』御茶の水書房、一九九〇年。また、明治期が対象であるが、都市化と農業・農村の変化を非経済領域にまで踏み込んで分析しようとしたものとして、同「都市化と農村―明治期の大阪府を事例に」『一橋論叢』一九九一年二月号がある。その他、本章で参照したものとして、行政府から公刊されたものであるが、大阪府農地部農地課編『大阪府農地改革史』一九五二年。一九八三年に御茶の水書房より復刻）を掲げておく。また、以下の本なども折に触れて参照した。大阪市史編纂所『明治大正大阪市史』全八巻、一九三三年～一九三五年。大阪市史編纂所・本庄栄治郎編『昭和大阪市史』全八巻、一九五一年～一九五四年。大阪市史編纂所・本庄栄治郎監修『昭和大阪市史続編』全八巻、一九六四年～一九六九年。大阪市史編纂所編『新修大阪市史』五巻、一九九一年三月。同六巻、一九九四年一二月。同七巻、九九四年三月。

（5）本章で取り扱う個別農村事例は、『大阪市近郊農村人口の構成と労働移動に関する調査【第二部】』帝国農会一九三九年三月に拠っている。本書は大阪市の経済発展と近郊農村の労働力移動について調査した資料であり、まさに本章の分析にとって格好の素材を提供してくれている。以後、個別事例分析に当ってのデータ及び引用は、特に断らない限り本資料からである。

（6）前掲資料では、職業別の記載でその区分が必ずしも明瞭でないところがあり、特に「賃労働」あるいは「俸給生活」といった括り方がどのような職種を包摂しているのか曖昧な部分がある。後にみるように通勤型労働を含め、農家でありながら家内に都市の商工業の販売員や事務労働に従事する構成員が含まれ、それらが比較的高額なサラリーを家計にもたらす場合は、あるいは農家の経営主自らがサラリーマンとして都市に努め、農業は残りの家族構成員で継続するなど多様な可能性があるが、それらについて仔細に検証することは難しかった。

（7）南豊島村の人口の段階的増加の様子は、大阪市の経済発展とそれにともなう都市的膨張、労働市場の展開と同じテンポで進んでいったと考えられる。この点については、前注（2）の拙稿「昭和恐慌回復過程での農工間隔差と農業基盤への影響—大阪府を事例として」参照。

（8）村の一角に出現したこの新興の地域は、村外からの移住者を中心に構成され、大阪市での給与所得が高額であったため、総じて高燥な住宅地が形成され、村の丘陵地帯であったこともあり、他の地域とは隔絶した空間を現出していたことが資料の記述からうかがえる。

（9）労働能力の判定に関して資料中に必ずしも明確な基準は示されていないが、青壮年男子で最も労働能力の高い階層を一〇とし、一〇段階区分でそれぞれ該当人数を割り出している。ここでは、その区分基準なども必ずしも明確でないことを考慮に入れて、幼老年者を除いた労働者総数として取り扱うよう心がけた。

（10）資料中で必ずしも確定できないが、通勤先不明等の記載から、定まった勤務地を持たず需要に応じて働き場所を転々としている労働形態と判断できる。

（11）この観点では、ここで対象とした南豊島村も大阪市とのダイレクトな関係以外に、発展著しかった豊中市との関係が想定できるが、本資料中では必ずしも明らかにできなかった。さらに史料を探し追及してみたい。

（12）村の北方で大阪市と接しているが、むしろ堺市の西側にあって、まさに隣村として同市と長く境界線を共有する関係にあり、その点で地理的に密接な関係を持つことになった。

（13）この時期の堺市の紡績業を基軸とした軽工業中心の商工業発展、都市的膨張については、紙数の制約上、ここで詳述できなかったので、前掲『新修大阪市史』五、六、七巻参照。なお、より概括的には、藤本篤・他『大阪府の歴史』山川出版社一九九六年、あるいは大阪市史編纂。

第三章

（1）永井勝三編『法学博士　雉本朗造先生小伝』雉本博士銅像維持会・鳴海土風会、なるみ叢書一一冊、一九六三年。

（2）第一次世界大戦期の資本主義の発展と小作争議を取り扱った先行研究は多数にのぼるが、ここでは本論の分析視角との関係で、都市発展説ともいえる田﨑宣義氏の説を挙げておく。田﨑宣義「戦間期農業問題論ノート」『地域社会発展に関する比較研究』一橋大学社会学部、一九九三年。同「都市化と小作争議―都市発展説序説」『一橋大学研究年報　社会学研究』二六号、一九八八年。また、他には、農民的小商品生産の進展が争議発生の原因ではなく、その終息に意味があった点を実証しようとしたものとして、同「都市化と地主小作関係の変容」田中浩編『現代世界と国民国家の将来』御茶の水書房、一九九〇年。さらに、明治期の大阪府の分析により、都市化と農業・農村の変化を非経済領域にまで踏み込んで分析しようとしたものとして、同「都市化と農村―明治期の大阪府を事例に」『一橋論叢』一九九一年二月号がある。また、都市と農村の関係性に特に焦点を当てたものとして、同編『近代日本の都市と農村―激動の一九一〇―一九五〇年代』青弓社、二〇一二年。

(3) 名古屋市を事例として、この時期の都市と農村の実情についてはこれまでも分析の対象としてきた。ここで取り上げる鳴海町争議についても、政策分析の視角から触れている。拙著『戦前日本農業政策史の研究』日本経済評論社二〇〇三年。また、名古屋市の経済発展と争議については、「第一次世界大戦期の都市化の進展と小作争議」前掲田﨑編『近代日本の都市と農村』

(4) 拙稿「日本における戦時統制経済の実態―中小工業問題を通して」『白梅学園大学・短期大学紀要四八号』二〇一二年。

(5) 前掲拙著『戦前日本農業政策史の研究』及び拙稿「第一次世界大戦期の都市化の進展と小作争議」。

(6) 愛知県愛知郡鳴海町『小作争議史概要』鳴海町土風会、なるみ叢書、八冊。

(7) 前掲『小作争議史概要』。なお、以後、特に断らない限り争議状況及び経過については同書より。

(8) 同前。次の引用も同じ。

(9) 愛知県愛知郡鳴海町役場『大日本国郡誌編輯材料』鳴海町土風会、なるみ叢書、第四冊。

(10) 前掲『小作争議史概要』。

(11) 同前。次の演説内容も同書より。

(12) 前掲永井勝三編著。

(13) 同前。次の引用も同書より。

(14) 同前。この小作権についての雉本朗造の主張に関する引用は同書より。

(15) 前掲『小作争議史概要』。耕地整理組合の共同耕作については同書より。

(16) 同前。この契約書の三条の各項についても同書より。

(17) 前掲拙稿「第一次世界大戦期の都市化の進展と小作争

議」。

(18) 前掲『小作争議史概要』。

(19) 前掲永井勝三編著。

第四章

(1) ここでは、昭和恐慌期から戦時期への移行過程での農業・農村問題の変容過程を明きらかにしようと考えているが、地域毎の農業・農村の地帯構造的特質をとらえながら個別事例を検証する手法をとらず、全国レベルのデータを基礎に、農業・農村状態を特徴づけ、政策的対応の変化を跡づけてみようと考えている。戦時経済及びこの時期の農業・農村の実情については厚い研究蓄積があるが、代表的なものとしては、東京大学社会科学研究所編『戦時日本経済』ファシズム期の国家と社会、二、東京大学出版会、一九七九年。及び、戦後日本の食料・農業・農村編集委員会編『戦時体制期』(戦後日本の食料・農業・農村)農林統計協会、二〇〇三年等を参照した。また、この時期の労働行政、農業政策等については基本資料として、労働省編『労働行政史』労働法令教会、一九六一年、農林大臣官房総務課編『農林行政史』農林協会、一九五九年がある。さらに、農業労働力対策については、山下粛郎『戦時下に於ける農業労働力対策』農林技術協会、一九四八年。その他、戦時体制、あるいは、戦時経済統制についても多くの研究成果が蓄積されているが、そのアプローチの手法は多様であり、また、戦時期の位置付けについてもさまざまな所論が提起されている。ここでえは、最近のまとまった成果を幾つか掲げておく。山崎志郎『戦時経済総動員体制の研究』日本経済評論社、二〇一一年。荒川憲一『戦時経済体制の構想と展開』岩波書店、二〇一一年。野口悠紀雄『一九四〇年体制―増補版―』東洋経済新報社、二〇一〇年。三輪芳朗『計画的戦争準備・軍需動員・経済統制』有斐閣二〇〇八年など。また、拙著『戦前日本農業政策史の研究』日本経済評論社、二〇〇三年でも、ここで対象とした時期を取り扱っているが、一九二〇年代~三〇年代を主に政策展開を分析しているので、戦時期については概括的であり、本章でその補強を目指している。

(2) 前掲拙著『戦前日本農業政策史の研究』。また、名古屋市及び周辺農村については、「第一次世界大戦期の都市化の進展と小作争議」田﨑宣義編著『近代日本の都市と農村―激動の一九一〇―五〇年代』青弓社、二〇一二年三月、及び「日本における戦時統制経済の実態―中小工業問題を通して」白梅学園大学・短期大学『紀要』四八号、二〇一二年三月。大阪市及び周辺農村については、「昭和恐慌回復過程での農工間隔差と農業基盤への影響―大阪府を事例として」白梅学園大学・短期大学『紀要』第四九号、二〇一三年三月、及び「都市の経済発展と近郊農村―大阪市周辺農村の事例から」白梅学園大学・短期大学『紀要』第五〇号、二〇一四年三月。

(3) 農林省経済更生部『農業人口及農地ニ関スル資料―農業適正規模調査調査資料第二輯』農林更生協会一九四〇年一〇月。

(4) 農業恐慌の打撃克服策として一九三二年から取り組まれた経済更生計画はこのような特徴を持っていた。この点及びその政策的効果については、前掲拙著『戦前日本農業政策史の研究』。

(5) 日中戦争全面化直後のいわゆる事変即応策が応急的で、その意味では弥縫的な特徴を持っていたこと、その背景として食糧自給についての楽観的観測が支配的であった点に関しては、前掲拙著『戦前日本農業政策史の研究』。

(6) この点について、大阪市周辺農村の実情を事例的に検討したものとして、前掲拙稿「昭和恐慌回復過程での農工間隔差と農業基盤への影響―大阪府を事例として」及び、同「都市の経済発展と近郊農村」。

(7) 新潟県信用販売購買利用組合連合会『事変前後の農家経済概観―産業組合の事業対象として』新潟県信用販売購買利用組合連合会、一九四三年七月。

(8) 前掲『事変前後の農家経済概観―産業組合の事業対象として』。

(9) 同前。

(10) 同前。

(11) 同前。

(12) 負債整理に関しては種々の施策が講じられたが、結果的には、日中戦争全面化前後の農産物価格の回復による収益増が負債の解消につながっていったと考えられている。この点については、前掲拙著『戦前日本農業政策史の研究』など。

(13) 前掲『農業人口及農地ニ関スル資料―農業適正規模調査調査資料第二輯』。

(14) 同前。

(15) 前掲『事変前後の農家経済概観―産業組合の事業対象として』。この他、一九三八年のデータでは、この年の内の耕地移動状況をみると、拡張は三万二、〇〇〇町余、潰廃が四万七、〇〇〇町近くで一万五、〇〇〇町余の耕地が失われていた。北海道が多くを占めていたが、全国的にみても、新潟、香川、熊本、沖縄を除き、他の府県は何れも潰廃面積の方が拡張面積を上回っていた。なかでも、東京（三、六七九町）、鹿児島（二、四六八町）、神奈川（一、六二二町）、兵庫（一、四七四町）、大阪（一、二四五町）が潰廃地一、〇〇〇町以上を記録しており、鹿児島を除き、何れも大都市を抱えた府県に手中していたことがわかる（このデータは、前掲『農業人口及農地ニ関スル資料―農業適正規模調査調査資料第二輯』より）。

（16）前掲『農業人口及農地ニ関スル資料―農業適正規模調査調査資料第二輯』。次の引用も同じ。

（17）同前。

（18）一九三九年の植民地朝鮮の大旱魃による大幅減収により、食糧自給への不安が一気に高まるなか、食糧生産確保のために農業労働人口の流出をとどめようとする施策が講じられた。翌年の労務動員計画では、農業生産維持のために必要な一定数の農業労働人口の確保が盛り込まれたのである。なお、この点については、山下前掲『戦時下に於ける農業労働力対策』及び前掲拙著『戦前日本農業政策史の研究』。

（19）前掲『事変前後の農家経済概観―産業組合の事業対象として』。

（20）農林省経済更生部『事変化に於ける農家の経済状態―農家経済調査の累年比較より観た』農林省経済更生部一九四〇年五月。

（21）同前。

（22）同前。

（23）岐阜県経済部『農村労力補給調整指針』岐阜県経済部、一九四〇年三月。次の引用も同じ。

（24）同前。次の引用も同じ。

（25）同前。次の実態調査に関する説明も同じ。

第五章

（1）このような観点から拙著『戦前日本農業政策史の研究』日本経済評論社、一九九三年、も分析の起点をこの時期に定めている。なお、日清・日露戦間期の資本主義と農業の問題も含め、課題設定の前提的な論点は同書を参照のこと。

（2）もちろん、この両市にあってもそれぞれ個別的な特徴を有しており、それらを度外視することはできないが、東京、福岡とのような際立った特徴ではないので一般化、普遍化がより可能であろうとの見通しである。なお、この視点に立って、名古屋については些か分析を進めている。前掲拙著『戦前日本農業政策史の研究』でも、主として政策展開の前提を明らかにするために名古屋地域の一九二〇年代小作争議の発生状況を資本主義と農業の矛盾の問題として取り上げた。また、拙稿「第一次世界大戦期の都市化の進展と小作争議」田﨑宣義編著『近代日本の都市と農村―激動の一九一〇―五〇年代』青弓社、二〇一二年三月でも、その点に関して、より精細な分析を行い名古屋の都市的発展と農業との矛盾の顕在化について実証した。なお、名古屋市を対象としては拙稿「日本における戦時統制経済の実態―中小工業問題を通し」白梅学園大学・短期大学『紀要』四八号、二〇一二年三月で、戦時期軍需重化学工業化を果たした名古屋の実態を中小商工業の統合問題を中心に分析し、大都市の戦時における都市的発展の一事例を提示した。

（3）田﨑宣義「戦間期農業問題論ノート」『地域社会発展に関する比較研究』一橋大学社会学部、一九八三年。同「都市化と小作争議‐都市発展説序説」『一橋大学研究年報 社会学研究』二六号、一九八八年がある。また、他には、農民的小商品生産の進展が争議発生の原因ではなく、その終息に意味があった点を実証しようとしたものとして、同「都市化と地主小作関係の変容」田中浩編『現代世界と国民国家の将来』御茶の水書房、一九九〇年。さらに、明治期の大阪府の分析により都市化と農業・農村の変化を非経済領域にまで踏み込んで分析しようとしたものとして、同「都市化と農村―明治期の大阪府を事例に」『一橋論叢』一九九一年二月号がある。なお、これら以外にも大阪を対象とした研究蓄積は枚挙に遑がないが、ここでは、特に本章との関係では、行政府から公刊されたものであるが、大阪府農地部農地課編『大阪府農地改革史』一九五二年（一九八三年に御茶の水書房より復刻）を掲げておく。本章でもデータ的に多くを依拠したが、ここで課題とした農工間の不均等発展についても、その視点から農業部門、とりわけ農民層分解や農地の変動について分析的な検討がなされており、農地改革のみならず、戦前期大阪地域の農業構造分析として水準の高い研究成果として位置づけられよう。

（4）分析に当たっては前期田﨑論文、『大阪府農地改革史』等の先行業績とともに、大阪市史編纂所『明治大正大阪市史』全八巻（一九三三年～一九三五年）、大阪市史編纂所・本庄栄治郎編『昭和大阪市史』全八巻（一九六四年〜一九六九年）、大阪市史編纂所・本庄栄治郎監修『昭和大阪市史続編』全八巻（一九六四年〜六九年）、大阪市史編纂所編『新修大阪市史』五巻（一九九一年三月）、同六巻（一九九四年一二月）、同七巻（一九九四年三月）などを参照した。本論中の基本データなどで特に断らない限りはこれらを典拠にしている。また藤本篤・他『大阪府の歴史』山川出版社、一九九六年、あるいは大阪市史編纂所編『大阪市の歴史』創元社一九九九年、津田秀夫編『図説大阪府の歴史』河出書房新社、一九九〇年、大阪府編『大阪府百年史』一九六八年などもデータの確認などで必要な場合には参照した。

（5）朝日新聞経済部『朝日経済年史』昭和三年版。

（6）安藤良雄編『昭和経済史への証言』中巻 毎日新聞社、一九六五年。

（7）前掲『大阪府農地改革史』二一六頁。

（8）豊能郡　岡村庄一郎「府下農業の現状と対策（その一）」『大阪府農会報』二四七号、一九三一年。以後の引用も同じ。

（9）帝国農会『大阪市近郊農村人口の構成と労働移動に関する調査〔第一部〕』一九三九年。以下『大阪市近郊農村』と略）

（10）前掲帝国農会『大阪市近郊農村』。

（11）前掲帝国農会『大阪市近郊農村』。以後の引用も同じ。

（12）前掲帝国農会『大阪市近郊農村』。

（13）この実情については、紙数の関係上ここでは触れられないが、大阪の都市的発展にともなう都市基盤整備の一環として市内軌道鉄道やバス路線が急速に整備されていったのと併行して、市周辺からの鉄道網も格段に整備され、そのことが農業労働力の都市への流入を、これまでとは違う形態を含め、より容易にしていった事情があった。その実態については、前掲『新修大阪市史』などが詳しい。

（14）前掲帝国農会『大阪市近郊農村』

（15）隣接府県から大阪市をめざして流入する通勤人口もこの時期増えつつあり、特に距離的にも比較的近く交通至便な、兵庫県武庫郡、河辺郡及び奈良県の生駒郡、磯城郡の大阪市寄り町村から通勤する人数が増加していたが、全体の割合からみればやはりまだ限定的なものであった。

（16）前掲帝国農会『大阪市近郊農村』

（17）泉南郡で一九歳から二五歳が圧倒的な数に上っていたように、女子は、紡績業をはじめとする機織業に従事する女工の割合が高かったことが影響していると考えられる。

(18)『大阪府農会報』二五九号、一九三二年。次の引用も同じ。

(19) この記事では、さらに、泉南葱頭、中河内郡堅下や南河内郡長野町の葡萄、三島郡の独活の産地、泉北郡横山村、南河内郡東条村の蜜柑、さらには山間でも豊野郡の東郷村、西郷村のように栗の産地などの例を取り上げ、それらでは借財が全くないかあるいは少なかったことを紹介している。

(20) 前掲『大阪府農地改革史』二六一頁。この点について、紙数の限界から、特に農業経営の収支状況にまで立ち入った十分な論証が不足している。続稿で補っていきたい。

(21) この点についても、やはり紙数の制約上、当時の労働賃金などについて、十分なデータを提示して論証的に分析できなかった。通勤型労働賃金とは異なった賃金体系のもとで、まさに農業労働賃金とは比較にならない水準の賃金保障がなされることによって農業離脱、都市移住とその結果としての農耕地の潰廃という事態が進行したと考えられるので、さらに稿をあらためて、より詳細に分析を行いたい。

第六章

(1) 参照文献には以下のように多数ある。『米の百年』御茶の水書房、一九六六年。『農業は農業である』農山漁村文化協会、一九七一年。『小さい部落』朝日新聞社、一九七三年。『農家と語る農業論』農山漁村文化協会、一九七四年。『小農はなぜ強いか』農村文化協会、一九七五年。『日本の村』朝日新聞社、一九七八年。

(2) この点については、以前に農村更生協会が主導した農家簿記記帳運動とそこに結集した杉野忠夫、土屋大助らのイデオローグの黒字主義適正経営規模論と満州移民との関係、以後の労働生産性を基礎にした適正経営規模論の問題などとして考察を試みたことがある。詳しくは、拙著『戦前日本農業政策史の研究』日本経済評論社、二〇〇三年を参照。

(3) 昭和恐慌期以降、「農本」の用語は、多様多義な用いられ方で、農業、農村の危機的状況を脱却するためのスローガンとして、また、一方、反資本主義、反都会主義の象徴的用語として濫用され、農業関係雑誌等の紙面を埋め尽くしたことは周知のことである。

(4) 前注(2)で指摘したように、農本主義の主張が農業経営論を媒介にして、危機状況にあった農村民の心情を捉え、影響力を強めていった点に着目する必要があり、そういった点での農本主義論が手薄であった点に問題があると考える。

（5）研究史整理については、横井時敬、岡田温、山崎延吉、千石興太郎、古瀬伝蔵を取り上げ、農会・産業組合活動や地域レベルの農村指導あるいは農政のリーダーとしての役割とその思想的基盤について分析した野本京子『戦前期ペザンティズムの系譜―農本主義の再検討』日本経済評論社、一九九九年が簡潔でポイントを押さえた整理を行っており、ここでも多くを参照した。

（6）桜井武雄『日本農本主義研究』白楊社、一九三五年。

（7）一九五八年に『思想』が農本主義の特集号を組み、また、一九六〇年には『思想の科学』が同様の特集を組んだ。桜井武雄をはじめ、橘孝三郎自身も誌面に登場し自説を展開した。

（8）丸山眞男『増補版現代政治の思想と行動』未来社、一九六四年。

（9）筑波常治「日本農本主義序説」『思想の科学』一八号、一九六六年。

（10）多数の論稿があるが、この時代より後の著作で『農業の理論とはなにか―近代化と農民』、あるいは『〝たべもの〟を求めて―食糧危機と農民』（いずれも、三一書房一九七五年）など。

（11）綱沢満昭『日本の農本主義』紀伊國屋新書、一九七一年。

（12）綱沢満昭『農本主義と近代』雁思社、一九七九年。

（13）例えば、井上ひさしなどの一連の業績は、貿易自由化の嵐のなかで現実化し、政策的に導かれた食糧自給率の低下に対する警鐘を込めて、農業の自然環境維持機能、共同体的紐帯を背景とした社会、人間関係への回帰といった論点を新たに打ち出すことに一定成功していた。また、この時期は、大量の食糧、コメ問題に関する著作が刊行され、日本の食糧問題、農業問題に焦点が集まった時期であった。コンパクトにその問題状況を示したものをいくつかあげると次の通りである。重富健一『今コメ、食糧が危ない』学習の友社。田代洋一『日本に農業はいらないか』大月書店。山田達夫『日本の食糧。日本の農業』労働旬報社。祖田修『コメを考える』岩波書店。

（14）野本前掲書。

（15）野本前掲書。次の引用も同じ。

（16）斎藤之男『日本農本主義研究―橘孝三郎の思想』農山漁村文化協会、一九七六年。なお、以下の引用は特に断らない限り同書から。

(17) 引用中の『　』内の引用は、桜井武雄「昭和の農本主義」『思想』四〇七号、一九五八年五月や、山崎春成「農本主義論の問題点」『経済学雑誌』大阪市立大学、第四三巻五号、一九六〇年一一月などからのものである。

(18) この引用中の『』内は、安達生恒「農本主義の再検討」『思想』四二三号、一九五九年九月より。

(19) 前掲拙著で、黒字主義適正経営規模論を取り扱う際に、この点を指摘しておいた。

第七章

(1) 恐慌からの回復過程をどのように捉えるかは諸説があり難しいが、商工業部門における立ち直りが比較的早く、農業・農村がそれに比し遅れたことは明らかで、中堅的農家においても一九三五、三六年を待たねばならなかったと考えられる。この点については暉峻衆三『日本農業一五〇年』有斐閣、二〇〇三年などを参照。ここでは、商工業部門で回復の兆しがみえはじめる一九三四年以降を視野におさめている。

(2) 農村経済更生運動についてのここ数十年の夥しい研究史の先鞭をつけたのは石田雄『近代日本政治構造の研究』未来社、一九五六年であった。強固な地主小作関係に支えられた共同体秩序の再編・締め直しととらえる石田の更生運動理解に対して、森武麿は『戦時日本農村社会の研究』東京大学出版会、一九九九年所収の「日本ファシズムの形成と農村経済更生運動」(初出は『歴史学研究別冊特集』一九七一年)をはじめとする一連の分析で、この運動の過程で産業組合―農事実行組合の組織化による自作・自小作中堅農家の包摂とファシズム的基盤としての再編成が行われたとする見解を提示した。この森説をめぐって、戦時体制に向けての地主制の一方的解体に対する疑問や担い手の中堅人物論についての疑義など多くの論点が出され議論と検討が深められてきた。各地の運動の実態分析が膨大に蓄積されるとともに、中心人物の階層性、地主制との関わりが問われてきた。主として運動の担い手としての中農層の性格や在村耕作地主層の存在と役割の評価などをめぐって、多くの事例研究が積み重ねられ論争が行われたのである。更生計画の政策的特質についての研究は必ずしも多くはないが、南相虎が『昭和戦前期の国家と農村』日本経済評論社、二〇〇二年で、興味深い論点を提示している。

（3）この点は森武麿によってまとまった形で提起された。森前掲書参照。

（4）例えば、吉田松陰の次のような言説にその方向性は明らかである。「今急に武備を修め、艦ほぼ具し、砲ほぼ足れば、即ちよろしく蝦夷を開墾して諸侯を封建し、間に乗じてカムサッカ、オホーツクを奪い、琉球を論し……朝鮮を責め、質を納れ貢を奉ること古の盛時の如くし、北は満州の地を割き、南は台湾、呂宋諸島を収め、然る後民を愛し士を養ひ」（『普及版吉田松陰全集』第一・第八巻）。また、以下の言説にもそれは読み取れる。「魯・墨（ロシア・アメリカ）講和一定、決然として我より是を破り、信を亥狄に失ふ可らず。但章程を厳にし、信義を厚うし、其間を以て国力を養ひ、取易き朝鮮満州支那を切り随ひ、交易にて魯墨に失ふ所は、又土地にて鮮満に償ふべし」（『普及版吉田松陰全集』第一、第八巻）。このような薫陶を受けて育った木戸孝允は、征韓が議論となった時に以下のように発言していた。すなわち、「速に天下の方向を一定し使節を朝鮮に遣し彼の無礼を問ひ彼若不服時は鳴罪攻撃其土大に神州の威を伸長せんことを願ふ然る時は天下の陋習忽一変して遠く海外へ目的を定め随て百芸器機等真に実時に相進み各内部を窺ひ人の短を誹り人の非を責各自不顧省之悪弊一洗に至る必国地大益不可言ものあらん…」（『木戸孝允日記』第一巻）と。この方向性の行き着くところに福沢論吉の脱亜論が形成され、明治国家の外交方針の基本として確立していくのである。

（5）拙著『戦前日本農業政策史の研究』日本経済評論社、二〇〇三年。

（6）拙稿「戦前農本主義再検討の一視角」『白梅学園大学・短期大学紀要』四三号、二〇〇六年。

（7）農本主義研究の整理については、種々の農本主義思想についての精緻な分析を手がかりに、独自の分類立てにより、その特徴を示した武田共治『日本農本主義の構造』創風社、一九九九年がある。これまでの農本主義研究を丁寧に整理したうえで、多数の農本主義者の膨大な諸論説を渉猟し、特徴付け分類整理した重厚な研究成果であり、本章のこれ以後の研究史整理も同書に負うところ大であるが、諸種の農本主義の比較検討に当って同書が用いている「老農農本主義」「官僚農本主義」「教学農本主義」「社会運動農本主義」「アカデミズム農本主義」という分類指標の妥当性と有効性については、あらためて吟味検討する必要があると考える。

（8）桜井武雄『日本農本主義研究』白楊社、一九三五年。
（9）同書。
（10）綱沢満昭は精力的な取り組みにより多くの研究書を残しているが、代表的なものとしては、『近代日本の土着思想』風媒社、一九六九年と『日本の農本主義』紀伊國屋新書、一九七一年、そして『農本主義と近代』雁思社、一九七九年などがあげられよう。
（11）武田前掲『日本農本主義の構造』。
（12）多数の論稿があるが、差し当っては安達生恒「農本主義論の再検討」『思想』四二三号、岩波書店、一九五九年。
（13）実際に地租改正当初は国家歳入のほぼ九割近くを地租が占め、次第に相対的比率を低下させるとはいえ、資本主義確立期まで、その割合は六割を下回ることはなかった。

第八章

（1）拙稿「戦時農本主義再検討の一視角」『白梅学園大学・短期大学紀要』第四三号、二〇〇七年では、これまでの農本主義研究の蓄積を振り返り、野本京子『戦前期ペザンティズムの系譜』（日本経済評論社、一九九九年）、斎藤之男『日本農本主義研究』農山漁村文化協会、一九七六年）、桜井武雄『日本農本主義研究』（白楊社、一九三五年）、綱澤満昭『日本の農本主義』（紀伊國屋書店、一九七一年）などの代表的な研究を取り上げた。そしてそのなかで、特に準戦時・戦時期における農村民統合の役割について、これまで、生産力主義的視点、小農経営維持論的観点からのアプローチが希薄であった点を取り上げた。やはり拙稿「準戦時期の農本主義」『白梅学園大学・短期大学紀要』第四四号、二〇〇八年では、産業組合運動の疑似革命性に触れながら、下からの契機の希薄な日本ファシズムのなかで、上からの統合機能とそこにおける農本主義の意味を再確認し、その過程で、あらためて、桜井武雄、綱澤満昭、安達生恒らの農本主義研究を特徴づける作業を行った。
（2）飯沼二郎『思想としての農業問題』農山漁村文化協会、一九八一年。
（3）宮本常一・宮田登・須藤功編集『早川孝太郎全集』第一巻～第一二巻、未来社、一九七三～二〇〇三年。
（4）石黒忠篤は、この時期の経済更生運動の行き詰まりについて、次のように認識していた。

更生運動の根幹は何と申しましても農山漁村それ自ら

であらねばなりませぬ。然るにもかかわりませず、肝腎の村自体に於て何となく、そこに上調子な、土につかない動きが看取されるのはまことに由々敷ことゝ申さねばなりませぬ。それには色々な原因が数え上げられる様でありますが、要するに更生運動の対策と目標、手段がはっきりしていない点が最大理由である様です。漠然と村を対象として計画を樹てゝいるものが多い様でありま す。更生の対象は村ではないのであります。村に住んでいる農家なのである。その農家経済の安定、具体的にいへば負債整理と収支均衡更に進んでは生活の向上が目的なのである。たゞそれがために従来と異なって特にそれに対する手段として村総体の共同に重点を置いたのである。そこに村としての更生計画樹立の意味があるわけである。所がこの村総体の計画に余りにも意味を多くとったが為に、肝心の農家自体とはほとんど無関係となり、村の上層部を空回りするやうな結果を産むのである(『農業綱領基礎資料　第二輯　部落と簿記指導』農村更生協会、一九三四年。引用は、同会主催の第一回簿記研究会での石黒の発言。

(5)　このような状況について石黒忠篤は以下のように述べていた。

これも更生運動の当初としては止むをえない点もあったと思はれるが、最早今日の様に更生運動がはじまって相当の年数の経った時期としては決してこれは許すべきではない。従って何を措いてもかゝる中天にのし上げられた様な状態を引き戻して農家個々の経済にまでしつくりと結びつく所の更生計画を樹てなければならないと思います（(1)に同じ)。

(6)　この点について石黒忠篤は以下のように述べていた。

而して之が為今日最も研究を要するのは、農家経済の内容を明にして当面の赤字克服をなすべき手段でありま す。それが為には各農家が簿記をつけてその経済の正確なる内容を明にしなければなりませぬ。然し各農家が思ひつきのまゝ、こゝに一戸、かしこに一戸簿記をつけているといふのではなく、少なくとも部落の人大部分がやる事になれば、お互い常に簿記をつけることに張合ができ、相共に赤字克服の手段を発見することになると思ふ。それればかりでなくさらに各戸計画経済の樹立は進んで各戸個々の力では到底及ぼし得ざる共同事業などもこれを基礎として比較的考え易くなる。かくして各戸より部落へ、部落より村へといふ風に基礎さへしっかり確かめれば、自ら仕事は発展するものであります。かくて更生運動ははじめて吾々の計画として各戸の親しみ易いものとなり、従って実行性のあるものとなる。換言すれば村より部落へ、部落より個人への過程逆に個人より部落へ、部落より村へと下より押し進めることが今日最も必要なる方途であると信じます（『農村更生時報、昭和一一年三月号、農村更生計画特輯号』）。

（7）前掲『部落と簿記指導』。以下の引用も同じ。

（8）この簿記指導が実際にどのように行われていたのか少し触れておこう。

協会では数種の様式の記録簿を作成し、その記帳によって年間の経営状態が把握でき、次年度の生産計画、収支予算を組み立てることができるよう整えた。記録簿の一つは日記帳であり、日々の現金出納と労働の様子、時間などを記録することとした。また、もう一つは仕訳帳とし、ここには支出計画、すなわち予算とその実施状況を記録することとした。そこには、収入として農業収入、林業収入などのほか、加工収入、勤労収入、雑収入などの項目を設け、支出では、小器具、種苗、苗木、蚕種、飼料、肥料、農業薬剤などのほか、雇用労賃、負債利子、諸負担、雑支出など詳細な支出費目を掲げ、細かな金銭出入りの記録となるように工夫されていた。また、飲食費や被服、光熱費などの家計支出は別立てで記載することとし、収入は青色、支出は赤色の印刷により用紙を区別した。この他、従業者、家畜ごとに日々の仕事量を記載する労働集計帳、日々取り扱ったものの出入りを品目ごとに記録しておくための現物整理帳、さらには取引先ごとに金銭、物品の貸借関係を記す貸借整理帳を整備し、それぞれに記帳結果を月ごと、そして最終的には年間で集計する方式がとられた。

これらを実践するには、当然、そのシステムを理解し、また、作業に習熟する必要がある。このため、協会では、スタッフが選定した村々に長期出張し、相当の時日を費やして記帳指導を行い、部落全戸での実施をめざした。それらの部落では、記帳者数人ずつを班編成し、班長が責任を持って班のそれぞれの簿記指導を行う仕組みをとる場合が多かった。

このような簿記記帳運動と併行して、部落計画樹立のための一環として件数や額は然程多くはなかったが、部落の共同施設や個人への無利息資金の融通が行われていた。一九三六年度では、五つの部落組合に対して、三三〇円～七〇〇円の範囲で、平均五〇〇円ほどの貸出が行われていた。堆肥舎、藁打器購入、養鶏施設、共同園地整備などで、おおむね一〇か年から一三か年賦、無利息での貸付であった。個人の場合でも、数軒の農家に共用を前提に、やはり堆肥舎などのために各戸五〇円といった額の無利息貸付が行われていた。簿記記帳普及の補完的役割を果たしていたのであろう。

(9) 拙著『戦前日本農業政策史の研究』日本経済評論社、二〇〇三年。

(10) 須藤功「歩く・描く・撮る・聞く」『全集』一二巻。

(11) 須藤功「早川孝太郎の論稿」『全集』一一巻。

(12) 同。

(13) 同上。

(14) 須藤前掲「歩く。描く・撮る・聞く」。

(15) 同上。

(16) 渋沢敬三「アチックの成長」『渋沢敬三著作集』第一巻、一九九二年。論稿は昭和八年。次の引用も同じ。

(17) 須藤前掲「早川孝太郎の論稿」。

(18) 須藤前掲「歩く・描く・撮る・聞く」。

(19) 前掲『部落と簿記指導』。しかし、この第四部については、一方で、すでにそれまでの民俗学の手法とは異なる側面があったことを指摘する評者もいる。喜多野清一は、「すでにかつての民俗学者早川氏とは異なる姿を感ぜしめるものがそこにはある」(「転機に立つ早川孝太郎」『全集』六巻)とし、「もちろん早川氏独自の犀利でまた幅の広い民俗的事実への観察と探求があるけれども、同時に農業経済的な分析が強められていることが目につき、また部落社会の構造的解釈の意図が働いている」と捉えられるというのである。

(20) 鈴木棠三「更生協会の時代」『全集月報　四』

(21) 喜多野前掲論文。次の引用も同じ。

(22) この点について喜多野清一は、早川孝太郎の民俗学が「さらに明確な形をとって展開しうる時期でありえた」かもしれなかったが、「しかし早川氏は、農村更生協会の一員としてその運動に積極的に踏み込んでゆく道を選」び、「農村の自力更生運動の理念に一層忠実、氏の独自の才能をそのために傾注して行動していったように見える」としている(引用は喜多野前掲)。

(23) 「農村社会における部落と家」は熊谷辰治郎編『村落社会の研究法』昭和一三年、刀江書院。「農事慣習における個人労力の可能性」は『民俗学研究』第三巻二号、昭和一二年。「村を歩きて」は『村』第五巻一、二、三、五、六号。昭和一三年四月―九月にそれぞれ掲載された。それ以後の『村』を中心とした論稿には、「農家と時給経済」

(『村』第六巻五号、昭和十四年八月)、「豆粒か粟粒か」(『村』第六巻六号、昭和十四年六月)などがある。さらに、分村移民、農本主義的色彩の強い一連の論稿としては、「分村の完遂を望み村の指導層に愬う」(『村』第八巻一号、昭和一六年一月)、「国本農家の性格」(『村』第九巻一号、昭和一七年四月)「国本農家の念」(『産業組合』四四三号、昭和一七年九月)、そして「農と国」(『週刊朝日』昭和一七年一一月)などが挙げられる(この間、一九四〇年、四一年の論稿が少ないが、これは早川孝太郎が、東亜研究所や興亜院の依頼で、食糧事情調査などのために、朝鮮半島、満州、華北と外地で活動していたためである)。

(24) 早川孝太郎「農と社会」『週刊朝日』昭和一七年(『全集』五巻)。

(25) 以下のような論調にそれは良く示されていた。「今やわが国は国を挙げて一体となって、聖戦に邁進しつつある際であるから、特にどの階層が顕著な貢献をなしつつあるとか、または営利を離れて報国の誠を尽くしているとはいえぬのであるが、しかし農家のこの労苦に対しては十分に報いるところがあってよい。そうしてそれを通して、この際に国家的伝統に顧みることが、やがて国民としての義務でもあ」る。また、次のように、そこ国家的伝統の担い手が農家であったことを強調する点も見逃せない。「ここでわれわれはもう一遍、国家的に重大なこの食糧の生産が、農家を主体になされていた事実を篤と回顧する必要があ」るとして、「国家の行政区画による農村でもなければ、あるいは部落的の実行組合でのなく、「基本となる根源は何処までも家に在ったことである」と力説し、「国家的農の伝統は、家によって保たれていた」ことへの拘りを示すのである(引用は、早川前掲「農と国」)。

(26) 早川孝太郎は、食糧増産の過程で皇国農村確率運動を進めていく中でもやはり基軸を農家に置いていた。「皇国農村建設の目的は、農家が強く一環となって本然の能力を培養し錬磨して、これを国家目的に向かって最高度に発揮せしむるにある」とし「したがってその主目標は村という地域団体ではなく、どこまでも農家である」と力説するのである。そして「特に農家を対象として国民の中核たらしめようとする根拠」を次の諸点に求めていた。「その分布が普く全国におよんでいること」「生活的に国土と不可離の関係を持ち、かつ、定着性を持つこと」「生活体であることが同時に生産体であること」「その強化は直ちに国家体制に反映する」ことであった（引用は、早川孝太郎「皇国農村の建設」謄写版印刷『全集』五巻）。

(27) 例えば、「日本の底力を表徴するのは都市のビルディングでもまた工場の煙突でもありません。逞しい農家で固められた農村です」といった具合である（引用は、早川孝太郎「或る地主に愬う」『村』第十巻六号、昭和一八年九月、『全集』五巻）。

(28) 不在地主の問題については詳しく取り上げられないが、反都会との関係で問題になる場合について、少し触れておくとし地主と小作の利害が対立した場合など、地主は「自己の資力能力を努めて外部に向け、いずれかというと町に出て活動するようになる。そうして」「村の生活から遠ざかるようにな」り、「土地から上がった収益を都会に持っていく。後に村に残されるのは人間の口ばかりで、農村の資源は乏しくなる一方である」といった指摘である。土地を含めてそこからもたらされる利益、すなわち農村の資源を都会に持ち去る不在地主の存在を問題にする時、簒奪者としての都市への反感が滲み出ていたと言える。しかしこの場合も、それらの不在地主が農村に居住しないことへの批判が主であったようである（引用は、早川孝太郎「地主問題考察の出発点」『村』第八巻九号、昭和一六年一二月『全集』五巻）。

(29) 早川孝太郎「須く農村的たれ」『村』第一〇巻四号、昭和一八年七月（『全集』五巻）。

(30) このような半都会感情は、綯い交ぜになりながら、時として、政策批判の論拠として持ち出されることもあった。例えば、戦時の深まりの中で、応召、徴用等による農村の労働力不足が目立ってくるにしたがって、盛んに実施された勤労奉仕に対する論説にそれはうかがえる。勤労奉仕について、「農家の偽らざる気持ちはおそらく次のようであろうと思う。都会にはそれほどに人出があり、学校にも手が剰っていて、勉強をほっておいてもよいものなら、農家の手伝いでなしに、別の方面で大いに働かれたらどんなものか。ことに今は食糧生産は軍事についで重大だとあるから、国内のどこでもよいから、適当なところをみつけて開墾でも干拓でも行い、一粒でも多くの種を播かれるが良い」（前掲「須く農村的たれ」）と人出の向け先の間違いを指摘する。それは何故かとなれば、「農村には人でが足らぬが、こちらは何としてもやりぬける。土地も手のおよぶ限りは利用してことさらに空けている場所とてもない」というように、農村・農家はそもそも自律的に生産と生活を持続できる力を持っていることを強調する。そしてその上で、批判の矛先は、そういって農村への場当たり的な要請を打ち出す政策に向けられる。代用食物の増産の通達には、「稗や玉蜀黍を別に播けと足元から鳥が立つようなことを言われてもにわかにはやれない。都会に労力が剰っているのだったら、そちらを一つ担当していただきたい」ということになる。また、勤労奉仕の動員方法についても、慇懃な文体ながらその内容は辛辣である。「せっかく奉仕にくださるのだったら、どうか前年中か、少なくとも春農耕の始まる前に、時日と人員を通知していただきたい」と前置きし、前述のように、農村・農家は人手不足ながら、みずからのやりくり算段で次の年の生産の方途を見出している。であるのに「麦刈りの最中に、ドカドカとやって来られてもまごつくだけである。ご好意はありがたいが、すでに麦も実った後であり、それによって増産というわけにはいかない」と実効の乏しい政策の杜撰さを指摘する。「感懐を問わるれば、率直にありのままも言われぬから、大いに助かりますとか、お陰様でぐらいの世辞は言わねばならな」かった農家の多くは、こういった早川孝太郎の論調で、さぞや溜飲を下げたことだろう。まさに、農村・農家にとってはありがた迷惑どころか、下手をすれば生産の減退にも繋がりかねない、弥縫的動員政策である勤労奉仕への、甚だ手厳しい批判であった。そして、その背後には、生産と生活が一体化した農の逞しさに対する熱い眼差しと、それへの対比の中で、農の伝統を継承し得ず、破壊させている都会への反発があった。

(31) 東畑精一「農政学者としての柳田國男」『文学』一九六一年。

(32) 綱澤満昭『近代日本の土着思想』風媒社、一九六九年。以下の引用も同書から。

(33) 宮田登「早川民俗学の周辺」『全集』三巻。

(34) 早川孝太郎「能と農」『全集』三巻。

(35) 宮田前掲論文。

(36) 早川孝太郎「国本農家の創設について」『暁天』四号、昭和一八年九月（『全集』五巻）。以下の引用も同じ。

(37) 早川孝太郎「村の使命とその達成」『村と農政』第六巻八号、農村報国会、昭和一九年八月（『全集』五巻）。以下の引用も同じ。

(38) このような結論に至る道程には、まさに早川孝太郎のこれまでの民俗学的研鑽の成果としての農家観が凝集されていた。その点を示す部分を引用しておこう。

それらの農家の持つ能力は、第一に農耕から習性づけられるところの肉体的心理的所産で、同時にその生活環境から受ける訓練の成果である。したがって単なる錬成や教育をもって企及し得ないもので、自然を対象として、そこに化育を行うすなわち生命の育成によって初めて到達し得る境地で、それはあらゆる人間的国民的能力の基礎をなすものである。知識才能を信じることが出来ればこれを過信する危険も弁えている。自然の威力も恵みも、やがて神の心も知っている。のみならず、動物草木の末に至るまで各々の立場を理解し得られ、勤労の価値も変に応ずる機知も体力も日々の生活に錬磨している。その知識はもっとも具体性があり形式的でなく基礎的である（早川前掲「国本農家の創設について」）。

第九章

（1）日本勧業銀行総務部総務課『戦時戦後を通ずる農村経済の変貌』一九四五年一二月。次の引用も同じ。なお、本格的戦時期を対象時期に、本論中にしめしたようなテーマで分析を進めようとする時、依拠できる基礎資料が稀少であることが障害となる場合が多い。本章もその制約から逃れられず本資料に多くを依拠したが、戦後直後に編纂され、大手金融機関としての調査能力などからみても、データの信頼度は高く、また占領下という特殊事情から生じるデータの改変の可能性も低いと考えられるので、解析の基礎資料として使用した。今後は他の残存資料等の収集、検索により、ここで使用したデータの確度の実証を課題として取り組みたい。

（2）恐慌対策が本格化したのは一九三二年からで、応急的には救農土木事業が、恒久策と称しては、経済更生計画が進められた。これらについては、これまでも多くの研究が積まれている。また、拙著『戦前日本農業政策史の研究』日本経済評論社、二〇〇三年でも、特に経済更生計画の政策構造などを中心に分析を行った。

（3）ここでは、日中全面開戦以降の戦時期を中心に一九四一年の本格的戦時をも見通して、農業・農村の抱えた諸問題とそれにたいする政策の特徴を検討しようと考えている。そしてそのためには、戦時の進展にともなって農業・農村の構造にどのような変化が起こったかを検出することからはじめることとする。戦時経済及びこの時期の農業・農村の実態については、取り敢えず、代表的なものとして以下の二点を先行研究として掲げておく。

東京大学社会科学研究所編『戦時日本経済』ファシズム期の国家、社会二、東京大学出版会、一九七九年。戦後日本の食料・農村・農村編集委員会編『戦時体制期』（戦後日本の食料・農業・農村）農林統計協会、二〇〇三年。また、この時期の農業政策等については、農林大臣官房総務課編『農林行政史』農林協会、一九五九年が基本文献といえる。戦時経済統制については次お通り。山崎志郎『戦時経済総動員体制の研究』日本経済評論社、二〇一一年。荒川憲一『戦時経済体制の構想と展開』岩波書店、二〇一一年。野口悠紀雄『一九四〇年体制〔増補版〕』東洋経済新報社、二〇一〇年。三輪芳朗『計画的戦争準備・軍需動員・経済統制』有斐閣、二〇〇八年。また、拙稿「準戦時・戦時期、農業・農村問題の諸相—農産物価格問題から労働力問題への転換」『白梅学園大学・短期大学紀要』五一号、二〇一五年三月でも戦時期の農村実態を検討している。また資料集としては、楠本雅弘・平賀明彦編『戦時農業政策資料集』第二集、柏書房、一九八九年がある。

（4）これらについては前注の先行研究でも明らかにされているが、本章でも、後に触れるように、農業所得のみならず生産諸要素からの多額の資金が農村に流入することで、戦時期の農家経済は全体として堅調を持続したといえる。ここではその実態を明らかにするとともに、しかし農業生産基盤との関係で、そのような構造にどのような意味があったのかについても検討していきたい。時期的に本格的戦時体制期に重点を置きたいが、その前提条件の検討と史料的な制約から、日中戦争期にも紙数を割くことになった。この時期については、前掲拙稿「準戦時・戦時期、農業・農村問題の諸相」でも取り上げているが、依拠した史料は異なっており、データにも相当な異動がある。これらについては、今後検証を深め、整理統合していきたいと考えている。

（5）この時期の労働力問題については、山下粛郎『戦時下に於ける農業労働力対策』農林技術協会、一九四八年。

（6）統制経済の本格化への道筋については、東京大学社会科学研究所編前掲書及び野口悠紀雄前掲書。

（7）日本勧業銀行総務部総務課前掲書。

（8）この点については、大阪市を大都市の典型として取り上げ、恐慌克服過程を中心にではあるが、拙稿「都市の経済発展と近郊農村—一九二〇・三〇年代、大阪市周辺農村の事例から」『白梅学園大学・短期大学紀要』五〇号、二〇一四年三月、及び拙稿「昭和恐慌回復過程での農工間隔差と農業基盤への影響―大阪府を事例として」『白梅学園大学・短期大学紀要』四九号、二〇一三年三月で検討を加えた。
（9）日本勧業銀行総務部総務課前掲書。
（10）日本勧業銀行総務部総務課前掲書。
（11）この実状については、前掲拙著で事例的に触れておいた。
（12）この点については、三輪前掲書及び野口前掲書。
（13）楠本雅弘・平賀明彦編前掲資料集。
（14）山下粛郎前掲書。
（15）東京大学社会科学研究所編前掲書。
（16）日本勧業銀行総務部総務課前掲書。
（17）この点の見通しについては、前掲拙著でも触れておいた。
（18）日本勧業銀行総務部総務課前掲書。次の引用も同じ。
（19）軍需用地として農耕地が転用される実例については、前掲拙稿「昭和恐慌回復過程での農工間隔差と農業基盤への影響―大阪府を事例として」で大阪府の事例を検討した。
（20）日本勧業銀行総務部総務課前掲書。

参考文献

浅田喬二・小林秀夫編『日本帝国主義の満州支配』時潮社、一九八六年。

荒川憲一『戦時経済体制の構想と展開』岩波書店、二〇一一年。

伊藤正直・大門正克・鈴木正幸『戦間期の日本農村』世界思想社、一九八八年。

井野碩哉『藻汐草―井野碩哉自叙伝』大空社、伝記叢書三四八、二〇〇〇年。

飯沼二郎『思想としての農業問題』農山漁村文化協会、一九八一年。

牛山敬二『農民層分解の構造―戦前篇』御茶の水書房、一九七五年。

大石嘉一郎編『日本帝国主義史』(Ⅰ～Ⅲ)東京大学出版会、一九八五～一九九四年。

大石嘉一郎・西田美昭編『近代日本の行政村』日本経済評論社、一九九一年。

大江志乃夫編『日本ファシズムの形成と農村』校倉書房、一九七八年。

大門正克『近代日本と農村社会』日本経済評論社、一九九四年。

大栗行昭『日本地主制の展開と構造』御茶の水書房、一九九七年。

大竹啓介『幻の花』(上・下)楽游書房、一九八一年。

大竹啓介編『石黒忠篤の農政思想』農山漁村文化協会、一九八四年。

大豆生田稔『近代日本の食糧政策』ミネルヴァ書房、一九九三年。

岡田知弘「経済更生運動と農村経済の再編」京都大学『経済論叢』一二九巻第六号、一九八二年。

岡田知弘『日本資本主義と農村開発』法律文化社、一九八九年。

岡部牧夫編『満州移民関係資料集成』不二出版、一九九〇～一九九二年。

奥野正寛・岡崎哲二編『現代日本経済システムの源流』日本経済新聞社、一九九三年。

小倉武一『小倉武一著作集』(一～一四巻)農山漁村文化協会、一九八二年。

梶原茂嘉追討録刊行会『風物投影』農山漁村文化協会、一九八〇年。

加藤完治全集刊行会『加藤完治全集』同会、一九六七年。

川口由彦『近代日本の土地法観念』東京大学出版会、一九九〇年。

川東竫弘『戦前日本の米価政策史研究』ミネルヴァ書房、一九九〇年。

近代日本研究会『年報近代日本研究九　戦時経済』山川出版社、一九八七年。

楠本雅弘『農山漁村経済更生運動と小平権一』不二出版、一九八三年。

楠本雅弘・平賀明彦編『戦時農業政策資料集』（一集・二集）柏書房、一九八八〜一九八九年。

栗原百寿著作集編集委員会編『栗原百寿著作集』（I〜X）校倉書房、一九七四〜一九八八年。

栗原るみ『一九三〇年代の「日本型民主主義」』日本経済評論社、二〇〇一年。

小平権一『石黒忠篤』（伝記叢書三四七）大空社、二〇〇〇年。

小平権一と近代農政編集出版委員会『小平権一と近代農政』日本評論社、一九八五年。

斎藤之男『日本農本主義研究―橘孝三郎の思想』農山漁村文化協会一九七六年。

坂井好郎『地域産業構造の展開と小作訴訟』御茶の水書房、一九九八年。

坂根嘉弘『戦間期農地政策史研究』九州大学出版会、一九九〇年。

佐藤正志『農村組織化と協調組合』御茶の水書房、一九九六年。

椎名重明『ファミリーファームの比較史的研究』御茶の水書房、一九八七年。

品部義博「小作争議にみる土地返還争議の諸相」『土地制度史学』八四号、一九七九年。

清水洋二「大日本地主協会の研究」『拓大論集』一四六号、一九八四年。

志村源太郎伝記刊行会編『志村源太郎―その人と業績』（伝記叢書三四三）大空社、二〇〇〇年。

社会経済史学会編『一九三〇年代の日本経済』東京大学出版会、一九八二年。

庄司俊作『近代日本農村社会の展開』ミネルヴァ書房、一九九一年。

庄司俊作『日本農地改革史―その必然と方向』御茶の水書房、一九九九年。

鈴木隆史『日本帝国主義と満州』（上・下）塙書房、一九九二年。

一九二〇年代史研究会編『一九二〇年代の日本資本主義』東京大学出版会、一九八三年。

戦後日本の食料・農村・農村編集委員会編『戦時体制期』（戦後日本の食料・農業・農村）農林統計協会、二〇〇三年。

高橋泰隆『昭和戦前期の農村と満州移民』吉川弘文館、一九九七年。

武田共治『日本農本主義の構造』創風社、一九九九年。

武田勉・楠本雅弘編『農山漁村経済更生運動史資料集成』柏書房、一九八五年。

田﨑宣義「小作農家の経営史的分析」『一橋大学研究年報　社会学研究』二二号、一九八二年。

田﨑宣義「戦間期農業問題論ノート」『地域社会の発展に関する比較研究』一橋大学社会学部、一九八三年。

田﨑宣義「都市化と小作争議―都市発展説序説」『一橋研究年報　社会学研究』二六号、一九八八年。

田﨑宣義「都市化と地主小作関係の変容」田中宏編『現代社会と国民国家の将来』御茶の水書房、一九九〇年。

田﨑宣義編『近代日本の都市と農村―激動の一九一〇～一九五〇年代』青弓社、二〇一二年。

綱沢満昭『農本主義と近代』雁思社、一九七九年。

暉峻衆三『日本農業問題の展開』（上・下）東京大学出版会、一九七〇年、一九八四年。

暉峻衆三編『昭和後期農業問題論集一・二　農地改革論』（Ⅰ、Ⅱ）農山漁村文化協会、一九八五、八六年。

暉峻衆三編『日本農業一〇〇年のあゆみ』有斐閣、一九九六年。

暉峻衆三『日本の農業一五〇年―一八五〇～二〇〇〇年』有斐閣、二〇〇三年。

東京大学社会科学研究所編『戦時日本経済』（ファシズム期の国家と社会二）東京大学出版会、一九七九年。

東畑四郎『昭和農政談』家の光協会、一九八〇年。

東畑四郎記念事業実行委員会編『東畑四郎・人と業績』同会、一九八一年。

長原豊『天皇制国家と農民』日本経済評論社、一九八九年。

中村政則『近代日本地主制史研究』東京大学出版、一九七九年。

中村隆英編『戦間期の日本経済分析』山川出版社、一九八一年。

那須皓『惜石舎雑録』農村更生協会、一九八二年。

那須皓先生追想集編集委員会編『那須皓先生―遺文と追想』同会、一九八五年。

波形昭一・堀越芳昭『近代日本の経済官僚』日本経済評論社、二〇〇〇年。

南相虎『昭和戦前期の国家と農村』日本経済評論社、二〇〇二年。

西田美昭・森武麿・栗原るみ編『栗原百寿農業理論の射程』八朔社、一九九〇年。

西田美昭・久保安夫編『西山光一日記』東京大学出版会、一九九一年。

西田美昭『近代日本農民運動史研究』東京大学出版会、一九九七年。

農林水産省農林水産技術会議事務局編『昭和農業技術発達史・第一巻　農業動向』農山漁村文化協会、一九九五年。

野口悠紀雄『一九四〇年体制』（増補版）東洋経済新報社、二〇一〇年。

野田公夫『戦間期農業問題の基礎構造』文理閣、一九八九年。

野本京子『戦前期ペザンティズムの系譜』日本経済評論社、一九九九年。

荷見安記念事業会編『荷見安伝』同会、一九六七年。

林宥一『近代日本農民運動史論』日本経済評論社、二〇〇〇年。

原朗編『日本の戦時経済』東京大学出版会、一九九五年。

宮崎隆次「大正デモクラシー期の農村と政党」（一～三・完）『国家学会雑誌』九三編（七～一二号）。

三好正喜編『戦間期近畿農業と農民運動』校倉書房、一九八九年。

三輪芳郎『計画的戦争準備・軍需動員・経済統制』有斐閣、二〇〇八年。

森武麿編『近代農民運動と支配体制』柏書房、一九八五年。

森武麿編『岐阜県小作争議史料集成』不二出版、一九八七年。

森武麿『戦時日本農村社会の研究』東京大学出版会、一九九九年。

安田常雄『日本ファシズムと民衆運動』れんが書房新社、一九七九年。

安富邦雄『昭和恐慌期救農政策史論』八朔社、一九九四年。

山崎志郎『戦時経済総動員体制の研究』日本経済評論社、二〇一一年。

山下粛朗『戦時下に於ける農業労働力対策』（第一、第二分冊）農業技術協会、一九四八年。

山田達夫編『近畿型農業の史的展開』日本経済評論社、一九八八年。

渡辺尚志・五味文彦編『新体系日本史三　土地所有史』山川出版社、二〇〇二年。

和田博雄遺稿集刊行会『和田博雄遺稿集』農林統計協会、一九八一年。

あとがき

昭和七年の夏よりこの方《かた》、世のありさまの変るにつれて、鐘の声もまたわたくしには明治の世にはおぼえた事のない響を伝えるようになった。それは忍辱《にんにく》と諦悟《ていご》の道を説く静かなささやきである。

昭和恐慌後の世の中の変化の有様を、永井荷風は、『鐘の音』と題する随想に、このように綴っていた。日付は一九三六年(昭和一一年)の三月と記されている。そして、「時勢の変転して行く不可解の力は、天変地妖の力にも優っている」と続けた後で、次のような一節でこの小品を締め括っていた。

たまたま鐘の声を耳にする時、わたくしは何の理由もなく、むかしの人々とおなじような心持で鐘の声を聞く最後の一人ではないかというような心細い気がしてならない……。

経済不況、事変、戦争の全面化と突き進む時代の趨勢を、文筆家の感性は鋭く感じ取り、「忍辱と諦悟」を強いる、「天変地妖」をも凌ぐ時代の不可解な力に一様の心細さを抱いていたのである。そして、それは、本書で主たる対象とした準戦時、戦時期の時代状況を、まさしく的確に言い当てていたのである。深刻な経済不況から始まった一九三〇年代は、その克服を、外への軍事力の発動によって果たそうとした。昭和恐慌の打撃克服を目指した諸対策、九年凶作への対応など、苦渋に満ちた農村救済策もまた、戦時体制への移行で問題解決を図ろうとする国策に沿った形で、戦時政策として展開されることになった。本書では、その施策のそれぞれを取り上げながら、時間的推移と特徴をつかもうとした。しかし、もとより、検討、分析の対象とできた施策は、政策領域の点でも、また量的にもかなり限られた範囲とならざるを得ず、その点で、この時期の政策分析として、不備、不十分であることは否めない。そのことを認識しつつも、しかし、ここで設定した時期区分に従って、その段階的な特徴を、できる限り跡づけられるように、対象設定に心を配り、紙数の許される限り、できるだけ多くを取り上げるよう心掛けた。

本書の各章で検証・分析を試みた論点に関しては、それぞれ最終節として小括を設けて来たので、ここで、あらためてそれらをまとめることは避けようと思う。

土地所有関係の矛盾を顕在化させた形で、地主・小作間の対立構造を表面化させた小作争議が、一九二〇年代の農業・農村問題の軸であったために、その時期の農業政策は、専らその対応策を中心とした性格を帯びることになった。直接的な争議対策が展開される一方で、しかし、生産力向上による農村・農家利益の向上とそれによる矛盾の解決という路線も、一様ではないとしても取り組まれていた。争議対応のみに限らず、農業・農村政策の主要な柱として、産業政策である以上当然だが、生産力主義に根差した方向が目指されていたと言える。とりわけ、地主制の矛盾を棚上げにして、ひたすら生産実績が目指された戦時期は、すべてが生産力向上に収斂して行く有様であった。争議に集約された矛盾、経済不況による農村の動揺についても、同様に、対症療法的施策は次々打ち出されたが、やはり、生産力主義的対応は、いつでも要《かなめ》を為すものであった。その点に、とくに力点を置いて各時期の政策を俯瞰しようとしたことに、本書の特徴があると言えるかも知れない。そういった点で、どれほどの成果を挙げることが出来たかについては、甚だ心もとないものがあるが、その不十分さを含め、ここでしっかりと取り上げられなかった諸施策、位置付けが曖昧な対策、そもそも目が行き届いていない領域など、多くの課題を残してしまった。ここで、その一つ一つを拾い上げて置くことは、限られた紙数の中では難しいが、ともかく、分析の精度を含め、対象とした政策の特質把握について、さらに検証を深めることから始め、取り上げられなかった施策、見落としている政策をさらに検討の対象に据えて、より鮮明な時代像の構築を図って行きたい。

天稟の才に恵まれず、凡質な筆者は、そのために、出来ることには自ずと限りがあり、ひたすら史料に向き合い、少しでも多く読み込んで行くことに専心する以外に、このハンディを克服する術を知らない。そこで、これまでもそうであったように、今後も、史料探しと史料読みに徹して行きたいと思う。とりわけ、政策史的手法で、時代像を鮮明化しようと考える時、近代が深まるほど、検証対象、すなわち史料は量的に膨大になり、文書の存在確認そのものに、相当の時間を要することも珍しくない。それら一点一点の検証作業ともなると、最早対応仕切れないことははっきりしている。合理的な、そして効率的な史料分類、史料検証の技法を磨き、その時期の政策的特徴、そしてそれぞれの時代像を描き出すのに、最も有効な史料探査の方法を見つけ出すことから、次のステップが始まるのかも知れないと考えている。

最後に、本書は、前著書の刊行以後、必ずしも計画的ではないが、ほぼ連年、論文としてまとめて来たものをベースに構成している。計画的でないという意味は、もとより、一定の最終目標を立てて、各論文を書いてはいるものの、時々の史料調査の結果、成果に規定され、当然だが、章立ての順番に照応する形で執筆できたわけではない。最終的にまとめようとする方向性だけは見失わないように気をつけながら、目の前にある史料で検証できる部分を積み上げて行ったということである。

そのようなまとめ方で、概ね、大学の紀要に投稿することで活字化を図って来た。それぞれ章編成にして本書に収録するに当たり、その多くは僅かな部分であるが、一応、手を加えたり、修正を施したので、ここに初出を一覧として掲記しておく。

第一章　資史料の残存状況と分析手法としての地帯構造論
拙著「地域分析における地帯構造論の有効性について」『紀要』（白梅学園大学・短期大学）五三号、二〇一七年。
第二章　都市の経済発展と近郊農村―一九二〇～三〇年代、大阪市周辺農村の事例から
拙著「都市の経済発展と近郊農村―一九二〇―三〇年代、大阪市周辺農村の事例から」『紀要』（白梅学園大学・短期大学）五〇号、二〇一四年。
第三章　第一次世界大戦期の資本主義発展と農村の動揺
拙著「第一次大戦期の資本主義発展と農村の動揺―愛知県鳴海町争議の事例を通して」『紀要』（白梅学園大学・短期大学）五四号、二〇一八年。
第四章　準戦時・戦時期、農業・農村問題の諸相―農産物価格問題から労働力問題への転換
拙著「準戦時・戦時期、農業・農村問題の諸相―農産物価格問題から労働力問題への転換」『紀要』（白梅学園大学・短期大学）五一号、二〇一五年。
第五章　昭和恐慌回復過程での農工間隔差と農業基盤への影響
拙著「昭和恐慌回復過程での農工間隔差と農業基盤への影響」『紀要』（白梅学園大学・短期大学）四九号、二〇一三年。
第六章　恐慌から戦時へと向かう農業・農村
拙著「戦前農本主義再検討の一視角」『紀要』（白梅学園大学・短期大学）四三号、二〇〇七年。
第七章　準戦時期の農本主義
拙著「準戦時期の農本主義」『紀要』（白梅学園大学・短期大学）四四号、二〇〇八年。
第八章　戦時期の農本主義
拙著「戦時と農村―ある農本主義者の軌跡を辿って―」『紀要』（白梅学園大学・短期大学）四七号、二〇一一年。

第九章　戦時経済体制への移行過程
　拙著「戦時経済体制移行期の諸領域での変化の諸相について—農村資金から個別農家経営まで」『紀要』（白梅学園大学・短期大学）五二号、二〇一六年。

　このように、紀要によって論文発表の機会が得られただけでなく、本書の刊行においても、その出版費用の面で、白梅学園大学・短期大学の助成制度を活用させていただいている。現在の研究出版の状況を考えた時、この助成制度はまさに干天の慈雨であり、とてもありがたいものである。白梅学園大学・短期大学にあらためて謝意を表するとともに、研究活動を支援奨励するその姿勢が、今後とも継続・強化されていくことを願って止まない。
　本書刊行に当たっては、蒼天出版社佐々木宏氏に一方ならぬお世話になった。出稿、校正など編集作業に全く疎い筆者を後ろから支えて下さった。また、代表取締役の上野教信氏には、本書を取り上げていただく出発のところから後押ししていただいた。ここに深甚の感謝の意を記して置きたい。

索引

か行

さ行

た行

な行

は行

ま行

や行

ら行

わ行

【著者】

平賀明彦（ひらが あきひこ）

東京都生まれ。1978 年新潟大学法文学部史学科卒業。1984 年一橋大学大学院社会学研究科博士課程単位取得退学。同年一橋大学社会学部助手。1987 年白梅学園短期大学講師。のち、白梅学園短期大学教授。2007 年より白梅学園短期大学副学長、2015 年より白梅学園大学副学長を務める。

両大戦間期の日本農業政策史

2019 年 3 月 25 日　初版第 1 刷発行
編著者　平賀明彦
発行者　上野教信
発行所　蒼天社出版（株式会社　蒼天社）
101-0051　東京都千代田区神田神保町 3-25-11
電話　03-6272-5911　FAX 03-6272-5912
振替口座番号　00100-3-628586
印刷・製本所　シナノパブリッシング

ISBN 978-4-909560-30-8 Printed in Japan

蒼天社出版の経済関係図書

アベノミクス下の地方経済と金融の役割　村本孜・内田真人編	定価（本体 3,800 円＋税）
経済学方法論の多元性　歴史的視点から　只腰親和・佐々木憲介編	定価（本体 5,500 円＋税）
日本預金保険制度の経済学　大塚茂晃	定価（本体 3,800 円＋税）
日本茶の近代史　粟倉大輔	定価（本体 5,800 円＋税）
日本財政を斬る　米沢潤一	定価（本体 2,400 円＋税）
発展途上国の通貨統合　木村秀史	定価（本体 3,800 円＋税）
アメリカ国際資金フローの新潮流　前田淳著	定価（本体 3,800 円＋税）
中小企業支援・政策システム　金融を中心とした体系化　村本孜著	定価（本体 6,800 円＋税）
元気な中小企業を育てる　村本孜著	定価（本体 2,700 円＋税）
米国経済白書 2017　萩原伸次郎監修・『米国経済白書』翻訳研究会訳	定価（本体 2,800 円＋税）
揺れ動くユーロ　吉國眞一・小川英治・春井久志編	定価（本体 2,800 円＋税）
カンリフ委員会審議記録　全３巻　春井久志・森映雄訳	定価（本体 89,000 円＋税）
システム危機の歴史的位相 ユーロとドルの危機が問いかけるもの　矢後和彦編	定価（本体 3,400 円＋税）
国際通貨制度論攷　島崎久彌著	定価（本体 5,200 円＋税）
バーゼルプロセス　金融システム安定への挑戦　渡部訓著	定価（本体 3,200 円＋税）
現代証券取引の基礎知識　国際通貨研究所糠谷英輝編	定価（本体 2,400 円＋税）
銀行の罪と罰　ガバナンスと規制のバランスを求めて　野﨑浩成著	定価（本体 1,800 円＋税）
国際決済銀行の 20 世紀　矢後和彦著	定価（本体 3,800 円＋税）
サウンドマネー BIS と IMF を築いた男ペールヤコブソン　吉國眞一・矢後和彦監訳	定価（本体 4,500 円＋税）
多国籍金融機関のリテール戦略　長島芳枝著	定価（本体 3,800 円＋税）
HSBC の挑戦　立脇和夫著	定価（本体 1,800 円＋税）